Ein Handbuch der Pyrotechnik

oder ein bekanntes System entspannender Feuerwerke

GW Mortimer

Writat

Diese Ausgabe erschien im Jahr 2024

ISBN: 9789359948126

Herausgegeben von
Writat
E-Mail: info@writat.com

Inhalt

VORWORT.

Die Einleitung, die dem folgenden kleinen Handbuch vorangestellt ist, macht ein ausführliches Vorwort überflüssig und lässt kaum mehr zu erwähnen als den Zweck und den Anlass des Werkes.

Der Zweck besteht darin, ein nützlicher Helfer für diejenigen zu sein, die eine rationale und wissenschaftliche Unterhaltung lieben, und der Anlass dafür ergibt sich aus der großen Knappheit und der allgemeinen Schwierigkeit, Arbeiten zu diesem Thema zu beschaffen. Seit der Veröffentlichung von Lieutenant Robert Jones im Jahr 1760 und denen der in unserer Einleitung erwähnten französischen Künstler ist keines davon der Beachtung wert erschienen.

In didaktischen Einzelheiten hat sich der Autor gelegentlich der Sprache der besten Schriftsteller bedient, sofern dies durch spätere Erfahrungen bestätigt wurde.

Ein besonderes Ziel des Werkes war die Übersichtlichkeit, und wenn Fachbegriffe [iv] verwendet wurden, folgten ihnen im Allgemeinen vertraute Erläuterungen, und der Autor ist sicher, dass das Ganze für jeden Leser vollkommen verständlich sein wird. Für erfahrene Pyrotechniker ist von diesem kleinen Werk nicht zu erwarten, dass es viele zusätzliche Informationen liefert, dennoch kann es für sie einige kleine Einzelheiten enthalten, die ihnen vorher nicht bekannt waren, von denen man hofft, dass sie sich aufgrund ihres praktischen Nutzens als akzeptabel erweisen.

Der Autor veröffentlicht dieses kleine Werk mit dem Wunsch, es als nützlicher Helfer für diejenigen zu erweisen, die mit den Prinzipien der Kunst, die es behandelt, nicht vertraut sind. Wenn es in irgendeiner Weise zu diesem Zweck beitragen sollte, ist eine Entschuldigung dafür, dass es der Öffentlichkeit aufgedrängt wurde, sicherlich unnötig.

1. Januar 1824.

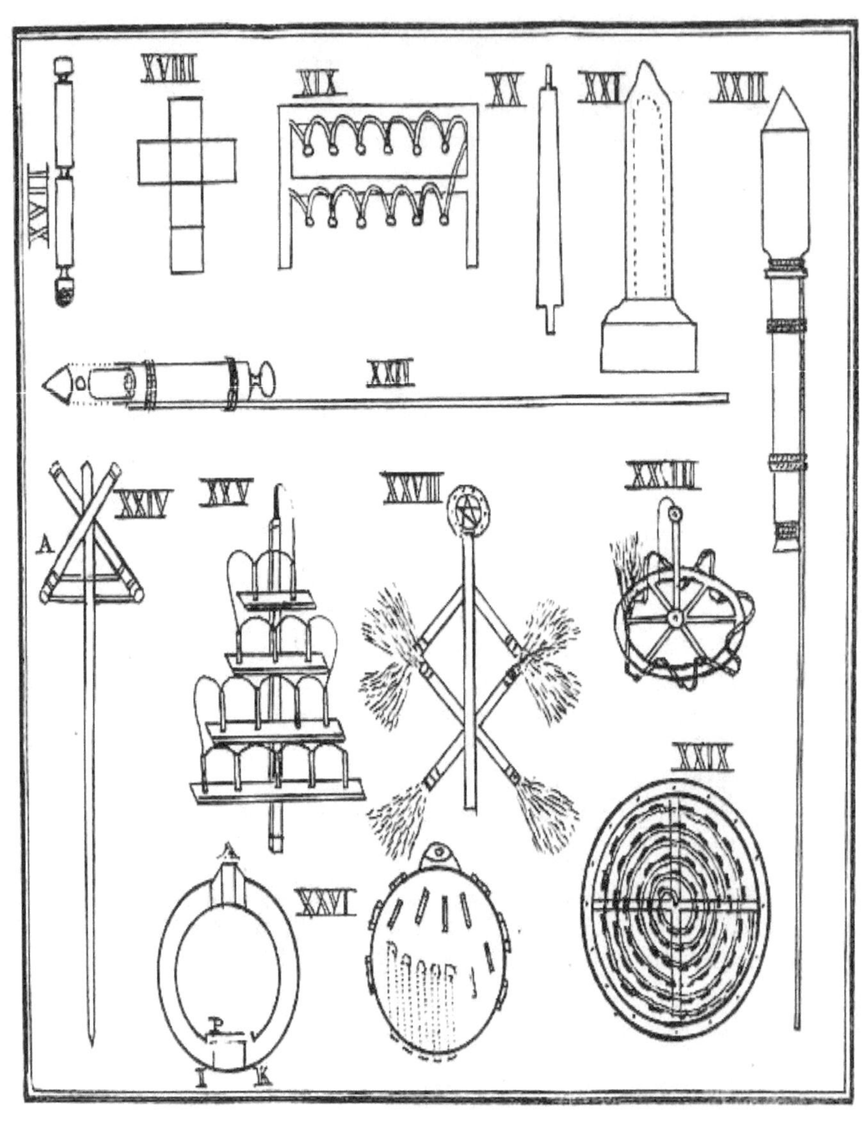

(Abb. 17 bis 29)

Einführung.

Der Begriff *Pyrotechny* leitet sich von *pyr* und *techny ab* , den beiden griechischen Wörtern für FEUER und KUNST ; oder es ist die Kunst, Feuer zu Zwecken des Nutzens oder Vergnügens einzusetzen. Der Begriff wurde von einigen Autoren auf den Einsatz und die Struktur von Feuerwaffen und Artillerie angewendet, die in der Kriegskunst eingesetzt werden; aber in der vorliegenden Veröffentlichung werden wir das Thema aus einer anderen Sicht betrachten; denn wir können weder in der Bewegung einer Kugel, die so viele unserer Mitgeschöpfe dezimiert, noch in der Wirkung einer Bombengranate, die schrecklichere Verwüstungen mit sich bringt, ein Vergnügen erkennen.

Wir werden uns in diesem Werk auf eine angenehmere Anwendung des Feuers beschränken und uns bemühen, klare und wirksame Regeln für den *sicheren* Umgang mit diesem Element und für die angenehme Herstellung verschiedener Zusammensetzungen mit Hilfe von Schießpulver und anderen brennbaren Substanzen zu geben für das Auge, sowohl durch ihre Form als auch durch ihre Pracht, und um jeden wichtigen Artikel und jedes Instrument zu beschreiben, das bei diesen erfreulichen Operationen verwendet wird.

Andererseits erhebt unser Werk nicht den Anspruch, eine Reihe *origineller* Regeln und Vorschriften für diejenigen vorzuschreiben, die sich selbst *Feuerwerkskünstler nennen* und deren ausschließliches Geschäft darin besteht, die verschiedenen Artikel herzustellen, die es behandelt; Für diese wird erwartet, dass es nur wenig Unterricht bringt; aber für den sziolistischen Tyro in the Art soll es (wie der Titel ausdrückt) ein *Handbuch der Pyrotechnik sein* und Feuerwerkskörper als Objekte rationaler Unterhaltung behandeln; die Materialien und Geräte, die bei ihrer Konstruktion verwendet wurden, auf verständliche Weise zu beschreiben; und solche Beispiele ihrer besonderen Kombinationen auszuwählen, die eher für die private Unterhaltung als für die öffentliche Ausstellung gedacht sind. Die hier gegebenen Anweisungen werden (wenn sie strikt befolgt werden) es der Jugend ermöglichen, ihren Geschmack für diese Art von Freizeitbeschäftigung verhältnismäßig zu befriedigen small expense, und sie gleichzeitig vor den Unfällen schützen, die dem Unwissenden oft passieren, wenn er die größeren Werke kauft, die er kauft von den Machern; und im ganzen wird es strikt ein Sparprinzip beachten, dessen Vernachlässigung so oft die Tätigkeit des Genies verzögert hat.

Über den Ursprung der Pyrotechnik sind unsere Kenntnisse sehr begrenzt. Die Chinesen sollen die ersten Menschen gewesen sein, die über praktische Kenntnisse darüber verfügten oder die Kunst zu einem gewissen Grad an Perfektion brachten; bei ihnen soll die Verwendung von

Feuerwerkskörpern sehr allgemein gewesen sein, lange bevor sie in europäischen Ländern bekannt waren; und aus Berichten über einige kürzliche Ausstellungen in Peking sollte es scheinen, dass sie einen Grad an Perfektion erreicht haben, der von keinem unserer modernen Künstler übertroffen wird: Mr. Barrow gibt in seinen „Reisen in China" aus dem Journal of Lord an Macartney die folgende Beschreibung einer ihrer Ausstellungen: „Das Feuerwerk übertraf in einigen Einzelheiten alles, was ich je gesehen hatte", sagt er. Ich gebe zu, dass sie an Größe, Pracht und Vielfalt den chinesischen Feuerwerkskörpern, die wir in Batavia gesehen hatten, unterlegen waren, aber an Neuheit, Sauberkeit und Einfallsreichtum der Erfindung unendlich überlegen waren. Ein Maschinenteil bewunderte ich sehr: Eine grüne Truhe von fünf Fuß im Quadrat wurde by a pulley fünfzig oder sechzig Fuß über den Boden gehoben, deren Boden so konstruiert war, dass sie plötzlich herausfiel und Platz für zwanzig oder dreißig Saiten machte Laternen, die in einer Kiste eingeschlossen waren, stiegen daraus herab und entfalteten sich nach und nach voneinander, so dass schließlich eine Ansammlung von vollen fünfhundert entstand, in denen jeweils das Licht einer wunderschön gefärbten Flamme hell brannte. Diese Dezentralisierung and development of der Laternen wurde mehrmals wiederholt und zeigte jedes Mal einen Unterschied in Farbe und Form. Auf jeder Seite befanden sich kleinere Kästen, die sich auf die gleiche Weise wie die anderen öffneten und ein riesiges Feuernetz herabließen, mit Unterteilungen und Fächern unterschiedlicher Form und Größe, rund und quadratisch, sechseckig, achteckig usw. die wie das hellste polierte Kupfer leuchteten und wie prismatische Blitze bei jedem Windstoß aufblitzten. Das Ganze endete mit einem Vulkan oder einer allgemeinen Explosion und Entladung von Sonnen und Sternen, Zündpillen, Crackern, Raketen und Granaten, die die Gärten eine Stunde lang in eine unerträgliche Rauchwolke hüllte." Die Vielfalt der Farben, mit denen die Chinesen das Geheimnis haben, ihr Feuer zu kleiden, scheint einer der Hauptverdienste ihrer „Pyrotechnik" zu sein; und das allein würde sie den Europäern gleichstellen. Ihnen verdanken wir zweifellos die Entdeckung dieser wunderschönen Komposition, die immer noch unter dem Namen „chinesisches Feuer" bekannt ist, und ihnen verdanken wir auch die Methode, mit Feuer darzustellen, diese angenehme und immerwährende Vielfalt an Figuren, die (wenn sie mit Bedacht arrangiert werden) in ihrer Pracht jenen endlosen Schönheiten nachzueifern scheinen, die unsere himmlische Hemisphäre schmücken. In Europa sollen die Florentiner die ersten Menschen gewesen sein, die Kenntnis von der Erfindung erlangten, und wir haben Grund zu der Annahme, dass es nicht lange nach der Entdeckung des Einsatzes von Schießpulver und Feuerwaffen, etwa am Ende des Jahrhunderts, dauerte dreizehntes oder Anfang des vierzehnten Jahrhunderts; Wir sprechen von der *Verwendung* von Schießpulver oder seiner Anwendung in Feuerwaffen, denn wir glauben, dass die Entdeckung viel früher erfolgt ist, als allgemein angenommen wird, und ob es sich um die Erfindung der Feuerwerkskunst handelt nicht mit der des Schießpulvers gleichwertig ist, ist eine Frage, die nicht übermäßig mit Unwahrscheinlichkeiten belastet ist. Die Franzosen haben mehrere Abhandlungen über Pyrotechnik veröffentlicht, darunter „ *Traité des Feux d'Artifice pour le spectacle et pour la Guerre* " von Perrinet d'Orval. Das *Manuel d'Artificier* , von Vater, d'Incarville, andmehrere andere ähnlicher Art: In einigen davon schreiben sie den Chinesen ein *sehr* frühes Wissen über die Kunst und folglich über die Zusammensetzung des Schießpulvers oder zumindest über die Wirkung einer ähnlichen Kombination zu. war ihnen nicht völlig unbekannt. Aber da die Franzosen ihr Wissen über die Kunst von den Italienern erlangten, sind sie wahrscheinlich in Bezug auf ihre Erfindung im Irrtum: Ob sie es nun sind oder nicht, es wird sich nur negativ auf das vorliegende Werk auswirken. Indem wir seine Entwicklung auf England zurückführen, werden wir uns bemühen, den Zustand, in dem es sich jetzt befindet, so gut zu beschreiben, wie es die Natur unserer Arbeit zulässt; Wir gehen davon aus, dass es der Vollkommenheit viel näher kommt als in seinen früheren Stadien, denn wir glauben, dass die Engländer nichts anderes importieren als das, was sie verbessern.

Eine Kunst, die ein so umfangreiches Feld für Unterhaltung bietet, reduziert auf schlichte und einfache Regeln, auf eine vertraute Art und Weise verarbeitet (die auch die begrenztesten Fähigkeiten verstehen können), muss für jeden Bewunderer wissenschaftlicher Unterhaltung unterhaltsam sein.

Viele haben es bedauert, dass es keine vergleichbare Veröffentlichung mehr gibt; und ein berühmter Schriftsteller, der dem populären Leser seit langem bekannt ist, hat sogar gesagt, dass „die Engländer keine anständige Arbeit zu diesem Thema haben".

Inwieweit die Gegenwart ein solches Desiderat erfüllen wird, muss dem ehrlichen Leser überlassen bleiben. Der Autor möchte klargestellt haben, dass, obwohl er einen Teil seiner Arbeit auf mathematischen Prinzipien verfasst hat, es nicht als perfektes philosophisches Werk zu diesem Thema gedacht ist, sondern als Versuch, alles, was dazu gehört, in einem kleinen Band zusammenzufassen bisher wurde zu diesem Thema geschrieben; und wenn der pyrotechnische Tyro von dort irgendeine Unterstützung zur Erlangung einer Kunst erhält, deren Ziel eine so endlose Quelle der Unterhaltung ist, wird das Ziel des Autors positiv verwirklicht.

Obwohl es sehr langwierig ist, können wir unsere Einleitung nicht schließen, ohne festzustellen, dass es kaum ein Schauspiel gibt, das schöner oder unterhaltsamer ist als ein gut inszeniertes Feuerwerk, bei dem so unterschiedliche Körper zur Schau gestellt werden, die so brillant beleuchtet und arrangiert sind in den vielfältigsten Formen: Manchmal erzeugen sie überraschende und unerwartete Bewegungen, bewegen sich mit Geschwindigkeit durch die Luft und werfen unzählige Funken oder lodernde Kugeln aus, die in die Unendlichkeit des Raums fliegen; andere explodieren plötzlich und verstreuen leuchtende Feuerfragmente, die die are trajected with… Schnellste Beklommenheit: Und wieder andere drehen sich um ein ruhendes Zentrum und erzeugen durch ihre Umdrehungen die schönsten Feuerkreise, die in ihren Ausstrahlungen von Glanz und Licht miteinander zu wetteifern scheinen.

Dies ist eine schwache Beschreibung der verschiedenen Wirkungen, die durch Feuer hervorgerufen werden können und für die wir uns bemühen werden, alle erforderlichen Anweisungen zu geben. und um die schönsten Gewänder vorzubereiten, in denen dieses Element präsentiert werden kann.

ABSCHNITT I.

Von Schießpulver.

Bevor wir uns mit dem praktischen Teil der Pyrotechnik befassen, halten wir es für vereinbar mit der Natur unserer Arbeit, eine ausführliche Beschreibung der verwendeten Materialien zu geben; denn wir gehen nicht davon aus, dass alle unsere Leser *Chemiker sind* oder dass sie sich in dieser Wissenschaft ausreichend auskennen, um eine solche Beschreibung unnötig zu machen. Doch bevor die Prinzipien der Kunst gut verstanden oder erfolgreich angewendet werden können, ist es angebracht, dass der Künstler über ein gewisses Maß an *chemischem* und *mechanischem* Wissen verfügt; Der erste wird ihn lehren, seine Materialien mit Urteilsvermögen auszuwählen, sie von Verunreinigungen zu befreien und sie in den für den jeweiligen Zweck am besten geeigneten Verhältnissen zu kombinieren; und dieser wird ihm dabei helfen, seine verschiedenen Stücke so zu konstruieren, dass er mit dem geringsten Zeit- und Kraftverlust den gewünschten Effekt erzielt. Wir werden die Beschreibung der *mechanischen Apparate* aufschieben, bis wir sie unmittelbar zur Hand haben, und wir glauben, dass eine solche Verlängerung zu einem besseren Verständnis ihrer Nützlichkeit beitragen wird. Und in einem anderen Abschnitt werden wir ihm beibringen, die Richtung zu berechnen, in die das fliegende Feuer fliegt. Werke (aufgrund ihrer Konstruktionsprinzipien) sollen sich bewegen und die Geschwindigkeit, mit der sie fortschreiten sollen.

Schießpulver ist der Hauptbestandteil der Pyrotechnik; und da es an sich eine Verbindung ist, werden wir es zum ersten Gegenstand der Beschreibung machen und uns bemühen, die Ursache jeder Eigenschaft aufzuzeigen, die es besitzt.

Die Erfindung wird von Polydore Virgil einem Chemiker zugeschrieben, der versehentlich einen Teil der Zusammensetzung, nämlich: Man gab Salpeter, Schwefel und Holzkohle in einen Mörser und bedeckte ihn mit einem Stein, als dieser zufällig Feuer fing und, was eine natürliche (wenn auch unerwartete) Folge dieser Kombination war, den Stein in Stücke zerschmetterte.

Thevet sagt, die Person, von der hier die Rede ist, war ein Mönch aus Freiburg namens Konstantin Anelzen; aber Belleforet und andere Autoren nehmen mit größerer Wahrscheinlichkeit an, dass er Bartholdus Schwartz oder der Schwarze war, der es, wie manche sagen, um das Jahr 1320 entdeckte; und die erste Verwendung wird den Venezianern im Jahr 1380 während des Krieges mit den Genuesen zugeschrieben; und es soll zuerst an einem Ort namens Fossa Clodia, dem heutigen Chioggia, gegen Lawrence von Medicis eingesetzt worden sein; und dass ganz Italien dagegen Beschwerde einlegte, da es sich um einen offensichtlichen Verstoß gegen die faire Kriegsführung handelte.

Diesem Bericht wird jedoch widersprochen, und es wurde gezeigt, dass das Schießpulver aus einer früheren Zeit stammt, nämlich aus der Zeit der Mauren, als sie 1343 von Alfons XI. belagert wurden. Der König von Kastilien soll eine Art Eisenmörser auf sie abgefeuert haben, der einen donnerähnlichen Lärm verursachte. und diese Behauptung wird durch das unterstützt, was Don Pedro, Bischof von Leon, über König Alfons erzählt, der Toledo reduzierte, nämlich. „dass in einem Seekampf zwischen dem König von Tunis und dem maurischen König von Sevilla vor etwa vierhundertfünfzig Jahren die von Tunis bestimmte Eisenrohre oder Fässer hatten, mit denen sie Feuerblitze warfen."

Darüber hinaus scheint es, dass unser Roger Bacon fast hundert Jahre vor Schwartz' Geburt von Schießpulver wusste. Dieser ausgezeichnete Mönch sagt uns in seiner Abhandlung „ *De Secretis Operibus Artis & Naturæ & de Nullitate Magiæ* ", dass wir aus Salpeter und anderen Zutaten ein Feuer machen können, das in jeder gewünschten Entfernung brennt; und der Autor des Lebens von Friar Bacon sagt, dass Bacon selbst das Geheimnis dieser Komposition in einer Chiffre preisgegeben hat, indem er die Buchstaben der beiden Wörter in Kap. xi. der oben zitierten Abhandlung, wo es so ausgedrückt wird; „sed tamen salis petræ *lura mope can ubre* , (dh carbonum pulvere) et sulphuris; et sic facies tonitrum & corruscationem, si scias artificium:" und daraus schließt Bacons Biograph, dass die Worte „ *carbonum pulvere* "in das sechste Kapitel von Dr. Longbains MS übertragen wurden. Im selben Kapitel sagt Bacon ausdrücklich, dass sich Geräusche wie Donner and coruscationsin der Luft bilden können, die viel schrecklicher sind als die, die auf natürliche Weise passieren. Er fügt hinzu, dass es viele Möglichkeiten gibt, eine Stadt oder eine Armee zu zerstören; und er nimmt an, dass Gideon durch einen Kunstgriff dieser Art die Midianiter mit nur dreihundert Mann besiegte (Richter, Kap. 7). Es gibt nur eine andere Passage zu demselben Zweck in seiner Abhandlung „De Scientia Experimentalia": siehe Dr. Jebbs Ausgabe des Opus Magus, S. 474. Mr. Robins vermutet (siehe das Vorwort zu seinen Tracts), dass Bacon Gunpowder nicht als eine neue Zusammensetzung beschreibt, die zuerst von ihm selbst vorgeschlagen wurde, sondern als die Anwendung einer alten für militärische Zwecke, und dass sie schon lange vorher bekannt war Zeit.

Dr. Jebb beschreibt in seinem Vorwort zu dem oben zitierten Werk zwei Arten von Feuerwerkskörpern; einer zum Fliegen, eingeschlossen in einem Gehäuse oder einer Kartusche, lang und schlank gemacht und mit der Zusammensetzung dicht gerammt gefüllt, wie unsere moderne Rakete, und der andere dick und kurz, an beiden Enden fest zusammengebunden und halb gefüllt, ähnlich unserem Cracker; und die Zusammensetzung, die er für beide vorschreibt, besteht aus zwei Pfund Holzkohle, einem Pfund Schwefel und sechs Pfund Salpeter, gut pulverisiert und in einem Steinmörser vermischt.

Herr Dutens schätzt in seiner „Untersuchung über den Ursprung der Entdeckungen, die den Modernen zugeschrieben werden" das Alter des Schießpulvers viel höher ein; und bezieht sich auf die Berichte von Virgil, Hyginus, Eustathius, Valerius Flaccus und vielen anderen Schriftstellern derselben Zeit.

Um dieses langwierige Detail abzuschließen, erwähnen wir noch ein weiteres Werk, das das Alter dieser Komposition zu bestätigen scheint, nämlich. der „Code of Gentoo Laws", 1776; Im Vorwort wird behauptet, dass Schießpulver den Bewohnern Hindustans weit über alle Forschungsperioden hinaus bekannt gewesen sei.

Gradum oder die progressive Ordnung beizubehalten , mit der wir unsere Arbeit begonnen haben, ist dies notwendig Wir beschreiben zunächst die Zutaten, aus denen es besteht. Denn nur durch die Kenntnis der Teile einer Komposition können wir ein gutes Verständnis der Eigenschaften des Ganzen erlangen.

Es gibt nur drei Zutaten, die in der Zusammensetzung von Gunpowder enthalten sind; Dies sind Salzpeter, Schwefel und Holzkohle. Die erste ist eine Kombination aus Salpetersäure [1] und Kali [2] und ist in der modernen Chemie besser unter dem Namen Kalinitrat bekannt. Der zweite Stoff ist aufgrund seiner entzündlichen Eigenschaften sehr bekannt; es kommt allein oder in Kombination mit anderen Körpern in verschiedenen Situationen vor; in vulkanischen Produktionen findet man es fast in seinem letzten Reinheitsgrad; man findet es auch im Zustand von Schwefelsäure; das heißt, mit Sauerstoff verbunden: In diesem Zustand kommt es in Ton, [3] Gips, [4] usw. vor. und es kann ebenfalls aus pflanzlichen und tierischen Stoffen gewonnen werden. Der dritte und letzte Artikel ist ein im Handel so bekannter Artikel, dass es fast unnötig ist, ihn zu beschreiben; Wir werden daher nur bemerken, dass die Holzkohle, die sich für die Zusammensetzung des Schießpulvers am besten eignet, diejenige ist, die aus Erle, Weide oder schwarzem Hartriegelholz hergestellt wird.

Diese kraftvolle Komposition ist eine Mischung dieser drei Zutaten, kombiniert in den folgenden Anteilen: auf jeweils 100 Teile Schießpulver, 75 Teile Salpeter, 10 Teile Schwefel und 15 Teile Holzkohle. In einigen Ländern sind die Anteile etwas anders; aber dies ist die Kombination, die von den meisten englischen Herstellern verwendet wird.

Der Salpeter ist entweder der aus Ostindien importierte oder der aus beschädigtem Schießpulver gewonnene. Es wird durch Lösung, Filtration, Verdampfung und Kristallisation verfeinert; Danach wird es geschmolzen, wobei darauf zu achten ist, dass nicht zu viel Hitze angewendet wird, da sonst die Gefahr einer Zersetzung des Salpeters besteht.

Der verwendete Schwefel wird aus Sizilien importiert und durch Schmelzen und Abschöpfen raffiniert. das Unreinste wird durch Sublimation verfeinert.

Die Holzkohle wird auf folgende Weise hergestellt. Das Holz wird zunächst in etwa neun Zoll lange Stücke geschnitten und in einen horizontal aufgestellten Eisenzylinder gelegt. Die vordere Öffnung des Zylinders wird dann dicht verschlossen: Am anderen Ende befinden sich Rohre, die mit Fässern verbunden sind. Unter dem Zylinder wird Feuer gemacht, die pyroholzige Säure [5] kommt herüber. Das Gas entweicht und die saure Flüssigkeit wird in den Fässern gesammelt: Das Feuer wird so lange aufrechterhalten, bis kein Gas oder keine Flüssigkeit mehr überkommt und der Kohlenstoff [6] im Zylinder verbleibt.

Wenn die drei Zutaten richtig zubereitet sind, sind sie bereit für die Herstellung. Sie werden zunächst einzeln zu einem feinen Pulver gemahlen, dann im richtigen Verhältnis gemischt und anschließend der Mühle zugeführt, um ihre Bestandteile zu verarbeiten. Die Pulvermühle ist ein leichtes Holzgebäude mit einem Bretterdach, so dass das Dach im Falle einer zufälligen Explosion problemlos und in der am wenigsten schädlichen Richtung wegfliegen kann und so die anderen Teile des Pulvers schützen kann Gebäude.

Die wirksamen Teile der Mühle bestehen aus zwei Steinen, die vertikal angeordnet sind und auf einem weiteren horizontal angeordneten Stein laufen, der Grundstein oder Trog genannt wird. Auf diesem Grundstein werden etwa 40 bis 50 Pfund der Zusammensetzung ausgebreitet und mit Wasser angefeuchtet, bis sie etwa die Konsistenz einer sehr steifen Paste erreicht haben: nachdem die Steinläufer die richtigen Umdrehungen darüber gemacht haben, was etwa 100 g erfordert Acht Stunden dauernder Betrieb der Mühle, die manchmal von Pferden, manchmal mit Wasser betrieben wird, wird dann aus der Mühle genommen und zum Kornhaus geschickt, um Getreide zu ernten oder zu körnern. Hier wird es zu harten Klumpen geformt und diese in kreisförmige Siebe mit Pergamentboden gegeben, die mit unterschiedlich großen Löchern perforiert sind, und in einem Rahmen befestigt, der mit einem horizontalen Rad verbunden ist. Jedes dieser Siebe ist außerdem mit einem Läufer oder Sphäroid aus Lignum vitæ ausgestattet, das durch die Wirkung der Räder in Bewegung gesetzt wird und den Teig durch die Löcher des Pergamentbodens drückt und dabei Körner unterschiedlicher Größe bildet. Anschließend werden die Körner durch zu diesem Zweck hergestellte Siebe und Haspeln vom Staub getrennt. Als nächstes werden die Körner gehärtet und die raueren Kanten werden entfernt, indem man sie eine Zeit lang in einer geschlossenen Trommel schüttelt, die mit der richtigen Geschwindigkeit kreisförmig bewegt wird.

Wenn das Pulver gemahlen, entstaubt und glasiert ist, wird es im Ofenhaus getrocknet, wo große Vorsicht geboten ist, um eine Explosion zu vermeiden. Das Ofenhaus ist eine quadratische Wohnung, deren drei Seiten mit Regalen oder Kästen ausgestattet sind, die auf geeigneten Stützen rund um den Raum angeordnet sind. und das vierte enthält ein großes gusseisernes Gefäß, das als „Düster" bezeichnet wird und in den Raum hineinragt und von außen erhitzt wird, so dass kein Teil des Brennstoffs das Pulver berühren kann. Zur größeren Sicherheit gegen Funkenbildung durch versehentliche Reibung sind die Dämpfgeräte mit Kupferblech bedeckt und bleiben immer kühl, wenn das Pulver in den Raum gebracht oder aus ihm herausgenommen wird.

Hier werden die Körner gründlich getrocknet, wobei die Reste des Wassers verloren gehen, das der Mischung in der Mühle zugesetzt wurde, um sie auf ihre Arbeitssteifigkeit zu bringen. Es wurde mit Erfolg versucht, Pulver durch Dampfrohre zu trocknen, die rund um die Wohnung verlaufen und diese durchqueren. und somit wird die Möglichkeit eines gesundheitsgefährdenden Unfalls durch Überhitzung verhindert. Die Temperatur des Raumes wird, wenn er auf übliche Weise durch einen Düsterofen erhitzt wird, immer durch ein Thermometer reguliert, das in der Tür des Ofens hängt.

Wenn Schießpulver in geringem Maße durch Feuchtigkeit beschädigt wird, kann es durch erneutes Trocknen in einem Ofen wiederhergestellt werden. aber wenn die Bestandteile zersetzt sind, muss das Salpeter durch Kochen, Filtrieren, Verdampfen, Kristallisieren usw. extrahiert werden. und dann mit frischem Schwefel und Holzkohle wieder hergestellt werden.

Es gibt verschiedene Methoden, um die Güte und Stärke von Schießpulver zu beweisen und auszuprobieren. Die folgenden Methoden werden häufig als gängige Methoden eingesetzt. 1, Durch Sehen; Denn wenn es zu schwarz ist, ist es zu feucht oder enthält zu viel Holzkohle; Wenn es auf weißes Papier gerieben wird, schwärzt es es stärker als gutes Pulver. 2, Durch Berührung; Denn wenn die Körner beim Zerdrücken mit den Fingerspitzen leicht zerbrechen und sich in Staub verwandeln, ohne sich hart anzufühlen, ist zu viel Holzkohle darin; oder wenn sich beim Drücken unter den Fingern auf ein glattes, hartes Brett einige Körner härter anfühlen als die übrigen, oder sozusagen eine Delle an den Fingerspitzen entsteht, ist der

Schwefel nicht gut mit dem Salpeter vermischt und das Pulver ist schlecht. Und auch durch Brennen werden kleine Pulverhaufen in einem Abstand von drei bis vier Zoll auf weißes Papier gelegt und einer davon abgefeuert; Wenn die Flamme schnell und mit einem guten Knall aufsteigt und das Papier frei von weißen Flecken und ohne brennende Löcher darin bleibt und wenn Funken wegfliegen und die angrenzenden Haufen in Brand setzen, kann die Qualität des Pulvers sicher sein beruhte auf; andernfalls ist es entweder schlecht zubereitet oder die Zutaten sind unrein.

Dies sind einige der gängigen Methoden, die zu diesem Zweck eingesetzt werden; Um jedoch die relative Stärke von Schießpulver genauer bestimmen zu können, wurden in letzter Zeit verschiedene Maschinen von Männern erfunden, die mit militärischen Angelegenheiten zu tun haben. Der ausgezeichnete Mathematiker und Philosoph C. Hutton, LL.DFRS und verstorbener Professor für Mathematik an der Royal Military Academy in Woolwich, hat zu diesem Zweck eine Maschine konstruiert, die in puncto Bequemlichkeit und Genauigkeit alles bisher Erfundene bei weitem übertrifft . Es wird Eprouvette oder „Gunpowder Prover" genannt (Pläne und Beschreibung finden Sie im dritten Band von „Hutton's Tracts", Seite 153) und wird aufgrund seiner vielen besonderen Vorteile heute allgemein verwendet. Es besteht aus einer kleinen Kanone, deren Bohrung einen Durchmesser von etwa einem Zoll hat und wie ein Pendel frei aufgehängt ist, wobei die Achse in horizontaler Richtung verläuft. Wird dieses mit der richtigen Pulvermenge geladen, die normalerweise etwa zwei Unzen beträgt, und dann abgefeuert, schwingt oder schlägt die Waffe nach hinten, und das Instrument selbst zeigt das Ausmaß der ersten oder stärksten Vibration an, was die Stärke aufs Äußerste angibt . Die ganze Maschine ist so einfach, leicht und schnell zu bedienen, dass das Abwiegen des Pulvers den größten Teil der Mühe darstellt; und es ist auch mit sich selbst so gleichmäßig, dass die aufeinanderfolgenden Wiederholungen oder Schüsse mit der gleichen Menge der gleichen Pulversorte kaum jemals einen Unterschied von einem Hundertstel von der ersten Vibration ergeben.

Nachdem wir auf diese Weise fast alles beschrieben haben, was man im Hinblick auf den Prozess der Herstellung und Bestimmung der relativen Stärke von Schießpulver wissen muss, schließen wir diesen Artikel mit einigen Beobachtungen (die von den besten Experten ausgewählt werden) zum Physischen Ursachen für seine Entzündung und Explosion. Wenn die verschiedenen Bestandteile des Schießpulvers auf die bereits beschriebene Art und Weise richtig zubereitet, gemischt und gekörnt werden, wird sich das Ganze sofort entzünden und mit äußerster Heftigkeit explodieren, wenn auch nur der geringste Funke von Stahl und Feuerstein darauf schlägt.

Der Effekt ist nicht schwer zu erklären: Der Holzkohleteil der Körner, auf den der Funke fällt, fängt Feuer wie Zunder, der Schwefel und das

Salpeter sind fertig geschmolzen, und ersterer geht ebenfalls in Flammen auf; und gleichzeitig erleiden die angrenzenden Körner das gleiche Schicksal. – Nun ist bekannt, dass Salpeter beim Entzünden in einem erstaunlichen Ausmaß verdünnt wird. Sir Isaac Newton argumentiert zu diesem Thema folgendermaßen: „Die Holzkohle und der Schwefel im Schießpulver entzünden sich leicht und entzünden das Salpeter; und der Geist des Salpeters, der dadurch zu Dampf verdünnt wird, strömt mit einer Explosion heraus, ganz in der Art, wie der Wasserdampf aus einem Äolipils austritt; Da auch der Schwefel flüchtig ist, wird er in Dampf umgewandelt und verstärkt die Explosion. Fügen Sie hinzu, dass der saure Dampf des Schwefels, nämlich der, der unter einer Glocke zu Schwefelöl destilliert, heftig in den festen Körper des Salpeters eindringt. lässt den Geist des Salpeters frei und regt eine stärkere Gärung an, wodurch die Hitze weiter zunimmt und auch der feste Körper des Salpeters zu Rauch verdünnt wird; und die Explosion wird dadurch heftiger und schneller."

Denn wenn Weinsteinsalz mit Schießpulver vermischt und diese Mischung erhitzt wird, bis sie Feuer fängt, wird die Explosion viel heftiger und schneller sein als die von Schießpulver allein, die keine andere Ursache als die Wirkung des Schießpulverdampfes haben kann auf dem Weinsteinsalz, wodurch das Salz verdünnt wird.

Die Explosion von Schießpulver entsteht daher durch die heftige Wirkung, bei der die gesamte Mischung schnell und heftig erhitzt, verdünnt und in Rauch und Dampf umgewandelt wird; Dieser Dampf wird durch die Heftigkeit dieser Aktion so heiß, dass er leuchtet und in Form einer Flamme erscheint.

Eine weitere Ursache für die Wirkung von Schießpulver kann in der plötzlichen Bildung einer Gasmenge liegen und ist folglich größer, wenn das Gas in alle Richtungen außer einer eingeschlossen wird, wie bei unseren Geschützen und Kanonen. Die Salpetersäure wird zersetzt und liefert das Gas. Die übrigen Inhaltsstoffe bewirken eine leichte Entzündung, die für die Zersetzung der Säure notwendig ist. Dr. Ingenhousy erklärt die Wirkung von Schießpulver durch die Beobachtung, dass Salpeter durch Hitze eine überraschende Menge reiner entphlogistischer Luft und Holzkohle eine beträchtliche Menge entzündlicher Luft liefert; Das Feuer, das zum Entzünden des Pulvers verwendet wird, befreit diese beiden Luftströme und setzt sie im Augenblick ihrer Befreiung in Brand.

Graf Rumford ist der Meinung, dass die Kraft der elastischen Flüssigkeit, die bei der Verbrennung von Schießpulver entsteht, zufriedenstellend erklärt werden kann, wenn man annimmt, dass ihre Kraft ausschließlich von der Elastizität von Wasserdampf oder Wasserdampf abhängt.

M. de la Hire schreibt in der Geschichte der Französischen Akademie für das Jahr 1702 die gesamte Kraft und Wirkung des Schießpulvers der Feder oder Elastizität der in den einzelnen Körnern eingeschlossenen Luft und den Zwischenräumen oder Zwischenräumen zwischen den Körnern zu Das Entzünden von Pulver bringt die Federn so vieler kleiner Luftpartikel zum Spiel und dehnt sie alle auf einmal aus, woher die Wirkung kommt; Das Pulver selbst dient nur dazu, ein Feuer anzuzünden, das die Luft in Bewegung setzen kann. Danach wird das Ganze allein durch die Luft erledigt.

Dr. Hutton scheint in Bezug auf die Verbreitung von entzündetem Schießpulver von der Meinung von Herrn de la Hire abzuweichen. Liegt es, wie er beobachtet, an der Luft, die sich zwischen seinen Körnern befindet, oder an der wässrigen Flüssigkeit, die in die Zusammensetzung des Salpeters eindringt? Wir bezweifeln sehr (fährt er fort), ob es die Luft sei, da ihre Dehnbarkeit nicht ausreichend zu sein scheint, um das Phänomen zu erklären; Wir wissen jedoch, dass Wasser, wenn es durch Wärmekontakt in Dampf umgewandelt wird, einen Raum einnimmt, der 14.000 Mal größer ist als seine ursprüngliche Masse, und dass seine Kraft sehr beträchtlich ist.

Derselbe gelehrte Autor sagt, dass die Entdeckung der wahren Ursache der expansiven Kraft abgefeuerten Schießpulvers hauptsächlich den englischen Philosophen und insbesondere dem gelehrten und genialen Mr. Robins zu verdanken sei. Dieser Autor geht davon aus, dass die Kraft von abgefeuertem Schießpulver in der Wirkung einer permanent elastischen Flüssigkeit besteht, die sich durch die Verbrennung plötzlich vom Pulver löst und in mancher Hinsicht der gewöhnlichen atmosphärischen Luft ähnelt, zumindest was die Elastizität betrifft. Er zeigte durch zufriedenstellende Experimente, dass eine Flüssigkeit dieser Art tatsächlich durch das Brennen des Pulvers gelöst wird; und dass es *dauerhaft* elastisch ist oder seine Elastizität behält, wenn es kalt ist, dessen Kraft er in diesem Zustand maß. Er maß auch die Kraft, wenn es entzündet war, mit einer höchst genialen Methode, und stellte fest, dass seine Stärke in diesem Zustand etwa das Tausendfache der Stärke oder Elastizität gewöhnlicher atmosphärischer Luft betrug. Dies ist, wie unser Arzt bemerkt, nicht der höchste Grad an Stärke, da sich herausstellt, dass die Kraft zunimmt, wenn sie in größeren Mengen abgefeuert wird, als die von Mr. Robins verwendeten; So sehr, dass wir durch genauere Experimente herausgefunden haben, dass seine Kraft bis zum 1600- oder 1800-fachen der Kraft der atmosphärischen Luft in ihrem üblichen Zustand ansteigt. Es ist nicht wahrscheinlich, dass es weit darüber hinausgehen kann, und es ist auch nicht möglich, wenn die allgemeinen und zulässigen physikalischen Prinzipien der Mechanik wahr sind. Bei einer elastischen Flüssigkeit mit einer gegebenen Kraft kennen oder berechnen wir unfehlbar die Wirkungen, die sie beim Antreiben eines gegebenen Körpers hervorrufen kann; und andererseits kennen wir aus den Wirkungen oder

Geschwindigkeiten, mit denen bestimmte Körper von einer elastischen Flüssigkeit angetrieben werden, sicherlich die Kraft oder Stärke dieser Flüssigkeit, und wir haben festgestellt, dass diese Wirkungen vollkommen mit der oben erwähnten Kraft übereinstimmen. Die Entdeckung und Meinungen von Herrn Robins wurden auch von anderen, darunter den besten Chemikern und Philosophen, bestätigt. Lavoisier war der Meinung, dass die Kraft des abgefeuerten Schießpulvers in hohem Maße von der Expansionskraft der ungebundenen Kalorien abhängt, die bei der Verbrennung oder Verpuffung des Pulvers in großer Menge freigesetzt werden sollen. Und Bouillon Lagrange sagt in seinem Chemiekurs: Wenn Schießpulver in Brand gerät, löst sich azotisches Gas, das sich in erstaunlicher Weise ausdehnt, wenn es freigesetzt wird; und wir sind uns noch nicht einmal des Ausmaßes der Ausdehnung bewusst, die durch die bei der Verbrennung entstehende Hitze verursacht wird. Es findet auch eine Zersetzung von Wasser statt, und Wasserstoffgas wird elastisch freigesetzt; und durch diese Zersetzung des Wassers entsteht Kohlensäuregas und sogar geschwefeltes Wasserstoffgas, das die Ursache für den Lebergeruch ist, der von verbranntem Pulver ausgeht.

Durch Experimente wurde herausgefunden, dass granuliertes Pulver sich viel schneller entzündet als nicht granuliertes; Letzterer bläst nur langsam davon, während der andere fast augenblicklich Feuer fängt; und bei den granulierten Arten ist das bei runden Körnern viel früher der Fall als bei länglichen, unregelmäßigen Körnern; Die Ursache dafür kann darin liegen, dass erstere der Flamme größere und freiere Zwischenräume hinterlassen, die die Entzündung viel schneller hervorrufen.

Schießpulver soll bei etwa 600° Fahren explodieren. aber wenn es auf einen Grad erhitzt wird, der knapp unterhalb der schwachen Rötung liegt, verbrennt der Schwefel größtenteils, während Salpeter und Holzkohle unverändert bleiben.

Experimente haben auch gezeigt, dass die Schwankungen im Zustand der Atmosphäre die Wirkung des Pulvers in keiner Weise verändern. Beim Vergleich mehrerer Versuche, die mittags in der heißesten Sommersonne durchgeführt wurden, mit denen, die morgens und abends durchgeführt wurden, konnte kein sicherer Unterschied festgestellt werden; und so war es auch mit denen, die in der Nacht und im Winter gemacht wurden. Und tatsächlich ist es angesichts der Prinzipien der Explosion und der Tatsache, dass sie immer die gleiche Menge der elastischen Flüssigkeit enthält, schwer vorstellbar, wie ihre Kraft durch die Dichte oder Seltenheit der Atmosphäre beeinflusst werden kann.

Nachdem die Wirkung und Natur dieser beeindruckenden Komposition nun einigermaßen vollständig beschrieben ist, werden wir zum Hauptziel unserer Arbeit übergehen, nämlich der Konstruktion der gebräuchlichsten und merkwürdigsten Artikel für pyrotechnische Ausstellungen.

ABSCHNITT II.

Materialien.

Nachdem wir uns im vorangegangenen Abschnitt ziemlich ausführlich mit der Natur und den Eigenschaften von Schießpulver und folglich auch mit den Inhaltsstoffen beschäftigt haben, aus denen es besteht, wären weitere Betrachtungen dazu überflüssig, vorausgesetzt, dass die Inhaltsstoffe und Proportionen immer gleich blieben. Da die bei der Herstellung dieses Artikels verwendeten Zutaten jedoch häufig in verschiedenen anderen Verhältnissen verwendet werden, um Zusammensetzungen zum Füllen von Feuerwerkskörpern zu bilden, ist es notwendig, einige weitere Anweisungen für die Auswahl und Reinigung dieser Artikel zu geben, die zusammen mit den Geräte, die bei der Herstellung von Feuerwerkskörpern verwendet werden, werden Gegenstand dieses Abschnitts sein.

Salpeter.

1. NITRIT. – Unter den verschiedenen Artikeln, die in der Komposition verwendet werden, ist keiner von größerer Bedeutung als Salpeter, denn von der Menge und Reinheit dieses Artikels hängt die ganze Kraft und ein Großteil des Glanzes des Feuers ab. Die am weitesten verbreitete Art ist die, die normalerweise von Lebensmittelhändlern verkauft wird. Sie liegt im Allgemeinen in großen Klumpen vor, die aus einer Ansammlung kleiner, einigermaßen durchsichtiger Kristalle bestehen und oft mit erdigen Stoffen und vielen anderen Verunreinigungen vermischt sind. In seinem reinsten Zustand liegt es in Form kleiner sechsseitiger prismatischer Kristalle vor, die an der Luft nicht dazu neigen, feucht oder pudrig zu werden. Das reine Salpeter ist mittlerweile sehr teuer geworden, daher ist es wichtig zu wissen, wie das gewöhnliche Salpeter oder das im Handel erhältliche Salpeter gereinigt werden kann, denn es hat sich gezeigt, dass es in der Pyrotechnik keinen Zweck erfüllt, wenn keine solche Änderung oder Reinigung vorgenommen wurde.

Es wurde festgestellt, dass Salpeter (wie die meisten anderen Salzkörper) in kochendem Wasser viel löslicher ist als in Wasser von gewöhnlicher Temperatur. Wenn daher das handelsübliche Salpeter in einer kleinen Menge kochendem Wasser gelöst wird und die Lösung richtig abgeseiht wird, wird die Flüssigkeit, wenn sie erkaltet ist, Kristalle liefern, die sehr rein sind. Das Folgende ist die bequemste Vorgehensweise: Lösen Sie das Salpeter in kochendem Wasser (das weiches Wasser sein sollte) im Verhältnis von etwa einem Viertel zu jedem Pfund Salpeter auf; Damit die Lösung leichter gelingt, zerkleinere man das Salpeter zu einem Pulver, bevor man es eintaucht, und halte das Gefäß mit dem Salpeter und Wasser so lange auf Siedehitze, bis das gesamte Salz aufgelöst ist. Dann die heiße Flüssigkeit durch ein dickes Löschpapier abseihen und in einen sauberen Trichter geben. und mit der gefilterten Flüssigkeit in einem flachen Gefäß an einem kalten Ort zum Kristallisieren gebracht. Die so erhaltenen Krystalle müssen zuerst in Löschpapier und dann vor dem Feuer getrocknet und für den Gebrauch aufbewahrt werden. Aus der verbleibenden Lösung, die manchmal *Mutterwasser genannt wird*, können frische Kristalle gewonnen werden, indem man sie in einem sauberen Zinngefäß kocht, bis ein filmischer Schaum an der Oberfläche entsteht, sie dann durch Papier filtriert und wie zuvor zum Kristallisieren beiseite stellt.

Sehr reines Salpeter kann auch aus beschädigtem Schießpulver gewonnen werden, das manchmal zu einem günstigen Preis in den Geschäften erhältlich ist, in denen es für diesen Zweck verkauft wird. Das beschädigte Pulver muss mit einer kleinen Menge heißem Wasser in einem großen Holz- oder Steinmörser zermahlen werden, andernfalls kann es über einem schwachen Feuer mit so viel Wasser, wie es bedeckt ist, gekocht werden, bis so viel Salpeter wie möglich vorhanden ist aufgelöst; Die Flüssigkeit wird dann durch einen dicken Flanellbeutel abgeseiht, anschließend heiß durch Löschpapier filtriert und der Bodensatz eingekocht, bis sich ein Film auf der Oberfläche bildet. erneut filtriert und zum Abkühlen und Kristallisieren gebracht, wie im Verfahren für die vorherige Methode beschrieben.

Da das Salpeter vor dem Mischen mit anderen Substanzen immer zu feinem Pulver zerkleinert werden muss, lässt sich dies leicht erreichen, indem man es in etwas mehr als seinem Eigengewicht kochendem Wasser auflöst, die Lösung über einem schwachen Feuer hält und ständig umrührt mit einem flachen Stock, bis das gesamte Wasser verdampft ist, dann wird das Pulver herausgenommen und vor einem sanften Feuer getrocknet; Dabei ist darauf zu achten, dass es nicht zu lange stehen bleibt oder einer zu großen Hitze ausgesetzt wird, da es sonst zu einem festen Kuchen schmilzt. Das Trocknen kann abgeschlossen werden, indem man es vor dem Feuer ausreichend lange auf dem Papier liegen lässt. Zur Reinigung von Salpeter können beide Methoden (unter Beachtung der vorstehenden Anweisungen) mit Erfolg angewendet werden; Von den beiden würden wir jedoch ersteres wärmstens empfehlen.

Schwefel.

2. SCHWEFEL. „Schwefel ist die nächste wichtige Zutat, da es sich um das entzündlichste Material handelt, das uns bekannt ist." Es existiert in drei Bundesstaaten, in denen es gelegentlich bei Feuerwerkskörpern eingesetzt wird; Der erste stammt aus der Umgebung von Vulkanen und wird *einheimischer Schwefel genannt*, häufiger jedoch *Schwefel vivum*, obwohl (wie man

beobachten kann) das, was in den Geschäften unter diesem Namen verkauft wird, ein Schlackenpulver ist, der Abfall, der nach der Reinigung zurückbleibt . Der zweite ist der in der Rolle, *der Rollenschwefel* oder *Steinschwefel genannt wird* . Der dritte ist der *sublimierte Schwefel*, oder wie er allgemein als *Schwefelblume bezeichnet wird*; Dies ist der Fall, wenn echtes Produkt am reinsten ist und sich am besten für alle schönen und empfindlichen Artikel eignet. Da es sich bereits in Pulverform befindet, ist es bei weitem am praktischsten, da die anderen Produkte vorher gemahlen oder gemahlen werden müssen verwendet werden. Die erste Art ist die billigste und eignet sich ziemlich gut für alle großen und groben Artikel, da sie jedoch am häufigsten mit erdigen Stoffen und anderen Verunreinigungen vermischt wird, würden wir ihre Verwendung nicht sehr empfehlen. Die zweite Variante hat sich als die stärkste erwiesen und wird am häufigsten verwendet, insbesondere für die meisten gewöhnlichen Artikel. aber das Streben nach Gewinn ist so groß, dass dieser Artikel aus Schwefel nicht durch die Hände von Händlern gelangen darf, ohne dass seine Qualität durch Verfälschung beeinträchtigt wird, die sie durch das Mischen von Kolophonium, Mehl usw. bewirken; Im reinen Zustand hat es eine leuchtend gelbe Farbe, ist dicht, aber nicht zu schwer, bricht leicht durch die Hitze der Hand und die zerbrochenen Teile sehen hell und kristallisiert aus. Es gibt eine andere Art von *Schwefel* (obwohl sie unter Händlern nicht allgemein bekannt ist), die nicht wie die anderen brennt, und was ziemlich seltsam ist, sie verströmt keinen Schwefelgeruch, denn wenn man sie ins Feuer legt, schmilzt sie wie gewöhnliches Wachs; Diese Art kommt in großer Menge in Island in der Nähe des Berges Hecla und in Krain vor. Dieser Schwefel hat gewöhnlich eine rötliche Farbe, wie man ihn in der Meerenge von Heildesheim findet, wo er ebenfalls mehrere Farben hat, darunter blasses Gelb und Grün, und im Allgemeinen an der Oberfläche von Steinen und Felsen haftet, von denen er leicht abgebrochen werden kann ab und eingesammelt; Von jeder Art ist das vollkommen Gelbe das Beste. Der von uns zuerst beschriebene Schwefel oder *Schwefel vivum wird manchmal als schneller Schwefel* bezeichnet, weil er durch Feuer keine Veränderung erfährt, da er von der Natur erzeugt wird; und in einigen Ländern wird es *„jungfräulicher Schwefel"* genannt , weil die Frauen und Mädchen in Kampanien häufig eine Art Farbe daraus herstellen, und zwar zu einem nicht weniger heiklen Zweck als dem, das Gesicht zu verschönern. Sollten beide Arten in einem unreinen Zustand angetroffen werden, kann die folgende Methode zur Reinigung angewendet werden.

Zur Reinigung von Schwefel.

3. *Um Schwefel zu reinigen.* – Eine Menge davon in einer Eisenpfanne schmelzen, wodurch die erdigen und metallischen Bestandteile ausgefällt werden, und es dann in einen Kupferkessel gießen, wo es eine weitere Ablagerung der unreinen Materie bildet, mit der es vermischt wird; Nachdem

man es einige Zeit in geschmolzenem Zustand gehalten hat, gießt man es in zylindrische Holzformen, um daraus Stäbchen zu formen. die Formen können einen Durchmesser von etwa einem Zoll haben; ihre Länge kann unterschiedlich sein. Sollte der Schwefel während dieses Vorgangs Feuer fangen, kann er schnell gelöscht werden, indem die Pfanne oben dicht abgedeckt wird.

Holzkohle.

4. HOLZKOHLE ist ebenfalls ein wesentlicher Bestandteil unserer Kompositionen, aber von viel einfacherer Natur als die oben genannten. Es kann im Allgemeinen in Eisenwarengeschäften oder in Gießereien beschafft werden, oder es kann leicht zubereitet werden, indem man eine Menge kleiner Holzstücke, wie etwa Buche oder Erle, in einen großen Ton- oder Eisentopf gibt und so die Hohlräume füllt und die Oberseite mit Sand bedecken; Dann wird der Topf in die Mitte eines starken Feuers gestellt und zwei oder drei Stunden lang auf roter Hitze gehalten, da der Sand die Luft ausschließt und das Holz auf diese Weise zu Holzkohle reduziert wird, ohne dass die Möglichkeit besteht, dass es verbraucht wird. und wenn der Topf kalt ist, muss die Holzkohle herausgenommen und an einem sehr trockenen Ort zum Gebrauch aufbewahrt werden. Es sollten immer nur kleine Mengen am Stück zubereitet werden, da frisch zubereitet immer am besten ist.

Stahlstaub.

5. STAHLSTAUB ist ein weiterer wichtiger Bestandteil von Feuerwerkskörpern. Wenn er mit Mehl oder einer anderen Zusammensetzung vermischt wird und die Mischung in einem geeigneten Rohr oder Gehäuse entzündet wird, erzeugt der Feuerstrahl durch die entstehenden Funken ein äußerst brillantes Aussehen durch die Entzündung des Eisens im Sauerstoffgas des Salpeters.

Eisenspäne (denn dieser Stahlstaub ist nichts anderes als reines Eisen, das durch Feilen oder eine andere Methode in kleine Teilchen zerkleinert wird), sind, wenn sie frei von Rost und nicht mit irgendwelchen Verunreinigungen vermischt sind, sehr gut geeignet; Aber Feuerwerksmacher bevorzugen im Allgemeinen Gusseisen, das zu Pulver zerkleinert wird, indem sie mit einem schweren Hammer dünne Platten davon auf einem gusseisernen Amboss schlagen und die zerbrochenen Partikel durch Siebe aus Messing oder Eisendraht unterschiedlicher Feinheit sieben. um die Partikel je nach Größe der Stücke in Körner unterschiedlicher Größe zu trennen. Die so sortierten Körner wurden *Eisensand genannt und* entsprechend ihrer jeweiligen Feinheit in Sand dreier oder vier *Ordnungen* unterschieden ; Daher wird der Sand, der das feinste Sieb passiert, Sand erster *Ordnung genannt* ; und was durch den zweiten geht, Sand zweiter *Ordnung* ; und so weiter bis zum vierten, der im Allgemeinen sehr grob ist. Die feinste wird für Feuerwerkskörper der kleinsten Größe berechnet, die zweite für etwas größere Stücke und die letzte Ordnung nur für Stücke der größten Größe, wie z. B. Gerbes von sechs oder acht Pfund, deren Zusammensetzung aus … ist verhältnismäßige Kraft, um solch große Partikel in einen Zündzustand zu bringen.

Da diese Körner bei der Aufbewahrung sehr leicht rosten, sollten sie entweder in gut verschlossenen Flaschen aufbewahrt werden, die gut getrocknet sind, oder in gut verschließbaren Kisten, die mit in Leinöl getränktem Papier ausgelegt sind. Es kommt manchmal vor, dass Feuerwerkskörper längere Zeit aufbewahrt oder ins Ausland geschickt werden müssen; Beides wäre mit den strahlenden Feuern nicht möglich, wenn sie mit unvorbereiteten Feilspänen gemacht würden, und zwar aus dem Grund, weil der Salpeter feuchter Natur ist und das Eisen zum Rosten bringt; Die Folge davon ist, dass beim Brennen der Werke nur sehr wenige leuchtende Funken erscheinen, dafür aber eine Reihe roter und schlackiger Funken; und außerdem wird die Ladung so stark geschwächt, dass, wenn dies in Rädern geschehen würde, das Feuer kaum stark genug wäre, um sie herumzudrücken; aber um solche Fehler beim Brennen zu verhindern, können die Feilspäne oder der Eisensand folgendermaßen vorbereitet werden:

Eisensand vorbereiten.

6. *Eisensand vorbereiten.* – In einer glasierten Tonpfanne etwas Schwefel über einem langsamen Feuer schmelzen, und wenn er geschmolzen ist, einige Feilspäne hineingeben und so lange rühren, bis alles mit Schwefel bedeckt ist; dies muss geschehen, während es auf dem Feuer ist; Nehmen Sie es dann heraus und rühren Sie es sehr schnell, bis es kalt ist. Anschließend muss es mit einer Holzrolle auf einem Brett gerollt werden, bis es so fein wie Maismehl zerbrochen ist. Anschließend sieben Sie so viel Schwefel wie möglich heraus.

Zweite Methode.

Zweite Methode. – Es gibt eine andere Methode, die Feilspäne so aufzubewahren, dass sie zwei bis drei Monate im Winter haltbar sind, indem man sie zwischen starkem braunem Papier reibt, das zuvor mit Leinöl angefeuchtet wurde. Beim Erhitzen des Schwefels müssen die in Artikel 3 genannten Vorsichtsmaßnahmen beachtet werden, falls dieser Feuer fängt.

Wir müssen in diesem Artikel abschließend darauf hinweisen, dass bei der Herstellung dieses granulierten Eisensands mit ein wenig Mühe zu rechnen ist, da Gusseisen von so harter Natur ist, dass es nicht mit einer Feile zerschnitten werden kann gezwungen, es zu pulverisieren oder nach der von uns beschriebenen Methode, die ziemlich schwierig durchzuführen ist, in

Körner zu zerkleinern; Aber wenn wir bedenken, welche schönen Funken dieses Eisen erzeugt, sollten wir keine Mühen scheuen, ein so wichtiges Material zu granulieren.

Wir müssen außerdem beachten, dass, wenn diese Eisenplatten nicht beschafft werden können, ein alter gusseiserner Topf verwendet werden kann; Es muss jedoch besonders darauf geachtet werden, dass seine Oberfläche vor dem Pulverisieren vollkommen frei von Rost und anderen Verunreinigungen ist, da sonst die Wirkung, die es hervorrufen soll, vollständig zerstört wird.

Wir sind den Chinesen zu verdanken, die das Feuer entdeckt haben, lange bevor Pater d'Incarville es in den europäischen Ländern bekannt gemacht hat. Dieser Sand strahlt, wenn er sich entzündet, ein überaus lebhaftes Licht aus; und es ist überraschend zu sehen, wie Fragmente dieser Materie, die nicht größer als ein Mohnsamen sind, plötzlich leuchtende Sternenblüten mit einem Durchmesser von zwölf und fünfzehn Linien bilden. Diese Blüten haben auch eine verschiedene Form, je nach der des entzündeten Korns, und sogar eine verschiedene Farbe, je nachdem, mit welchen Stoffen die Körner vermischt werden. Aber Raketen, in denen diese Zusammensetzung enthalten ist, können nicht lange konserviert werden, es sei denn, sie werden wie im ersten Teil dieses Artikels beschrieben vorbereitet.

Es gibt noch viele andere Substanzen, die gelegentlich in der Zusammensetzung von Feuerwerkskörpern verwendet werden, aber da sie in allen für diesen Zweck geeigneten Apotheken und Drogisten erhältlich sind, halten wir es für unnötig, über die Aufzählung hinaus weitere Einzelheiten zu ihnen anzugeben. Es handelt sich hauptsächlich um die folgenden, nämlich. *Kampfer*, der verwendet wird, um das Erscheinungsbild des Feuers zu verbessern; *Antimon* oder *Sulfuret von Antimon*, *Salmiak*, *Grünspan* und *Pech*, um dem Feuer verschiedene und besondere Farbnuancen zu verleihen; *Benjamin-Blüten* oder *Benzoesäure*, um ihm einen angenehmen Geruch zu verleihen; und *Spirituosen aus Wein* oder *kampferhaltige Spirituosen* zum Mischen der Zutaten zu einer Paste. Es wurde festgestellt, dass diese Flüssigkeiten viel besser reagieren als gewöhnliches Wasser oder Gummiwasser, das manchmal verwendet wird, da sie das Salpeter nicht auflösen und daher nicht so leicht zu einer Trennung der verwendeten Materialien führen. Anstelle von Holzkohle wird manchmal *Lampenruß* verwendet, der angeblich die Hitze des Feuers verringert, seinen Glanz aber nicht wesentlich beeinträchtigt. Daher ist es ein wesentlicher Bestandteil des sogenannten *Kaltfeuers*, seeming paradox of das wir im Folgenden in Einklang bringen werden. Zu dem gleichen Zweck, nämlich die Kraft der Komposition zu vermindern, wurden häufig *Glaspulver* und *Sägemehl verwendet*; aber wahrscheinlich könnten diese Wirkungen durch eine Verringerung des Salpeteranteils besser und mit größerer Sicherheit beantwortet werden.

7 KAMPFERÖL. —Diese Flüssigkeit wird häufig zum Befeuchten der Zusammensetzungen verwendet; So lässt es sich leicht herstellen: Geben Sie eine kleine Menge Kampfer in einen Messingmörser und fügen Sie etwas Öl aus süßen Mandeln hinzu, so dass eine steife Paste entsteht. Dann verrühren Sie die Mischung gut, bis sie grün wird Geben Sie dann eine ausreichende Menge Öl hinzu, um die Farbe für den Gebrauch zu verflüssigen. Wir müssen bei der Verwendung dieser Flüssigkeit beachten, dass die Zusammensetzung, in die sie gelangt, so weit wie möglich von der Luft ferngehalten werden muss, da sie bei Kontakt mit ihr verdunstet und dadurch zu einem Misserfolg in der Ausstellung führt.

Benzoin.

8. BENZOIN. – Benzoe, oder wie es gemeinhin Benjamin genannt wird, ist eine harzige Substanz, die aus dem Baum namens *Benzoe gewonnen wird* und aus verschiedenen Teilen Indiens eingeführt wird, wo es in verschiedenen Arten und Farben vorkommt; Das Beste ist das, das voller weißer Flecken ist und leicht zerbricht. Es wird in duftenden Feuerwerkskörpern verwendet, muss aber zuvor zu einem feinen Pulver zerkleinert werden, was mit der folgenden Methode erreicht werden kann: – Geben Sie etwa drei bis vier Unzen grob zerstoßenes Benzoe in einen tiefen und schmalen Tontopf. Decken Sie den Topf mit einem Kegel aus dickem Papier ab und binden Sie ihn fest um den Rand. Stellen Sie den Topf dann auf das Feuer und erhitzen Sie ihn mäßig. Nehmen Sie nach einer Stunde den Kegel ab und Sie werden feststellen, dass an der Unterseite einige Blüten kleben. oder in der Sprache der Chemie: Die Säure wird sublimiert und lagert sich auf dem Papier ab. Der Zapfen muss wieder in den Topf zurückgesetzt werden, und der Vorgang muss fortgesetzt werden, bis die Blüte sehr weiß und fein erscheint.

Die häufig verwendete Säure kann durch Aufschluss von Benzoin in Schwefelsäure gewonnen werden, und dadurch wird sie viel reiner und in feineren Kristallen erhalten als durch jede andere Methode.

Zu diesem Artikel halten wir es für erforderlich, die oben genannten Informationen anzugeben; Für den Privatarzt ist es jedoch günstiger, es fertig zubereitet zu kaufen.

ABSCHNITT III.

Gerät.

Im praktischen Teil der Pyrotechnik ist der Bau und die richtige Proportionierung der Formen ein sehr wesentlicher Gesichtspunkt, denn von ihnen hängt die Güte des Artikels fast ebenso sehr ab wie von der Reinheit der Zutaten. Sie bestehen hauptsächlich aus Voll- und Hohlzylindern aus Holz oder Metall; diejenigen, die hohl sind, werden *Formen genannt*, und diejenigen, die feste *Formen sind*; beide werden beim Raketenbau verwendet; Ähnliche Zylinder aus Holz oder Metall werden zum Einstampfen der Masse verwendet; eine Maschine zum Zusammenziehen der Öffnungen der Gehäuse, deren Vorgang als *Ersticken bezeichnet wird*; ein anderer dafür, sie zu langweilen, nachdem sie gefüllt sind; und eine einfache Vorrichtung zum Mahlen der Materialien, bevor die Kisten gefüllt werden, sowie andere von geringerer Bedeutung, die wir lieber beschreiben, da ihre Unterstützung erforderlich ist.

Wir beginnen die wichtigen Geräte mit der Beschreibung derjenigen, die am unmittelbarsten zum Einsatz kommen.

Schleifmaschinen.

1. SCHLEIFMASCHINEN. – Um die verschiedenen Zutaten richtig zu verreiben oder zu vermischen, hat man auf verschiedene Vorrichtungen zurückgegriffen. Ein gewöhnlicher Eisenmörser, wie er von Drogisten und Apothekern verwendet wird, eignet sich sehr gut zum Mahlen oder Stampfen von Schwefel, Holzkohle, Salpeter usw. *separat*; und die engmaschigen Siebe der Apotheker, ausgestattet mit Drahtgewebe, sind die besten Hilfsmittel zur Gewinnung des Feuerpulvers; Wenn jedoch Maispulver gemahlen oder die verschiedenen Zutaten miteinander vermischt werden sollen, können solche Mörser nicht verwendet werden, da die durch die fortgesetzte Wirkung des Stößels erzeugte Hitze die Mischung entzünden und dadurch das Leben des Bedieners gefährden könnte drohende Gefahr. Um diese gefährlichen Wahrscheinlichkeiten zu verhindern, wurde eine sehr einfache Erfindung getroffen; Dies wird als Speisetisch bezeichnet und hat sich zu diesem Zweck als sehr schnell und effektiv erwiesen. Es besteht aus einem rechteckigen Ulmenbrett mit einem 10 bis 12 cm hohen Rand um den Rand, an dessen einem Ende ein Teil des Randes befestigt ist slide in a groove, damit das Pulver nach dem Essen sauber vom Tisch gefegt werden kann. Eine Darstellung davon ist auf Tafel 1, Abb. zu sehen. 3. Abb. 4 ist eine kleine Kupferschaufel, die im Allgemeinen zum Befüllen und Entleeren des Tisches

verwendet wird. Achten Sie beim Verzehr einer Pulvermenge darauf, nicht zu viel auf einmal auf den Tisch zu geben; aber wenn Sie eine mäßige Portion zugegeben haben, nehmen Sie den Müller (Abb. 5) und reiben Sie ihn, bis alle Körner gut zerbrochen sind; Dann sieben Sie es in ein Rasensieb, das einen Behälter und einen Deckel hat, wie es im Allgemeinen von Apothekern verwendet wird, und was nicht durch das Sieb geht, muss auf den Tisch zurückgebracht und mit einer zusätzlichen Menge noch einmal gemahlen werden . Schwefel und Holzkohle können auf die gleiche Weise gemahlen werden, nur dass diese viel härter sind als Pulver. Der Müller muss aus Ebenholz oder einem anderen harten Holz sein, sonst würden die Zutaten im Korn der Ulme stecken bleiben und sehr schwer zu mahlen sein. Da Schwefel dazu neigt, auf dem Tisch zu kleben und zu verklumpen, ist es am besten, zu diesem Zweck einen solchen zu haben, da er leicht zu beschaffen ist; Dies wird nur wenig Ärger verursachen und mehr als ausgeglichen werden, wenn Ihr Schwefel immer sauber und gut gemahlen bleibt.

Eine andere Methode.

Das Folgende ist eine weitere Methode für den oben genannten Zweck, die einige für ebenso effektiv halten. Dabei handelt es sich um einen Mörser aus hartem Holz, geformt wie der Mörser der Apotheker, mit innen abgerundetem Boden, oben schließendem Holzdeckel und in der Mitte einem Loch, das gerade groß genug ist, um den Stößelstiel problemlos hineinzulassen , an dessen unterem Ende ein Stück Marmor befestigt ist, das in einer kugelförmigen Oberfläche endet. Mit diesem Gerät kann Schießpulver sicher zu Mehl gemahlen oder seine Bestandteile durch die kontinuierliche Bewegung des Stößels im Loch des Deckels vermischt werden.

Methode zum Mischen der Zutaten.

2. Method of mixing the Ingredients.— Mit dem Mahlen ist der Vorgang des Mischens der Zutaten verbunden, der als Hauptbestandteil der Tätigkeit der Pyrotechnik gilt; und tatsächlich hängen viele Artikel sowohl von der guten Mischung als auch vom Verhältnis ihrer Zusammensetzung ab; Daher sollte in diesem Teil der Arbeit große Sorgfalt angewendet werden, insbesondere bei der Komposition der Himmelsraketen. Wenn Sie etwa vier bis fünf Pfund Zutaten ordnungsgemäß zum Mischen vorbereitet haben (was eine ausreichende Menge zum Mischen auf einmal ist), geben Sie sie zunächst in ein für diesen Zweck geeignetes Gefäß zusammen und bearbeiten Sie sie dann mit Ihren Händen, bis sie fertig sind verschiedene Naturen sind ziemlich gut integriert; Geben Sie sie anschließend mit dem Auffangbehälter und dem Deckel darauf in Ihr Rasensieb und sieben Sie es in ein anderes sauberes Gefäß. Wenn noch etwas übrig bleibt, das nicht durch das Sieb passt, mahlen Sie es erneut, bis es fein genug ist. und wenn man es zweimal durch das Sieb gehen lässt, ist es mehr als die Mühe, desto besser. Für Raketen und alle festen Werke, aus denen das Feuer regelmäßig entfachen soll, müssen die Zutaten wie oben zubereitet werden; und wir können hier bemerken, dass alle Zusammensetzungen, die Stahl- oder Eisenspäne enthalten, mit der Kupferschaufel gemischt oder verschoben werden müssen, da die Hände dazu neigen, Feuchtigkeit abzugeben, die ihrer Natur schadet. Auch werden keine Arbeiten, die Eisen oder Stahl in ihrer Obhut haben, bei feuchtem Wetter lange aushalten, ohne ordnungsgemäß vorbereitet zu sein, wie im vorherigen Abschnitt beschrieben wurde.

Es werden mehrere andere Formen und Geräte verwendet, aber da die meisten von ihnen bei der Herstellung von Raketen und einigen wenigen anderen Artikeln verwendet werden und so unmittelbar mit der Praxis verbunden sind, glauben wir, dass ihre Verwendung und Anwendung besser verstanden werden wird wenn wir diesen Artikel im nächsten Abschnitt behandeln, anstatt ihre Beschreibungen an dieser Stelle einzutragen.

ABSCHNITT IV.

Abteilung für Feuerwerke.

Feuerwerkskörper werden im Allgemeinen in zwei Klassen eingeteilt. Die erste besteht hauptsächlich aus *Zündpillen* , *Schlangen* , *Crackern* , *Funken* , *Kastanienbraunen* , *Saucipons* , *Windrädern* , *Anführern* , *Gerbes* oder *römischen Kerzen* und (wenn sie keine Anhängsel haben) *Raketen* . Aufgrund ihrer geringen Geschicklichkeit bei der Zubereitung nennt man sie einfache oder genauer gesagt einzelne Feuerwerkskörper und gilt als erstklassig. Andere, die eine schwierigere Konstruktion aufweisen, werden als zusammengesetzte oder komplexe Feuerwerke bezeichnet und sollen zur zweiten Klasse gehören. Diese bestehen *aus Sonnen* , *Monden* , *Sternen* , *Rädern* , *Globen* , *Ballons* , *Batterien* , *Blumentöpfen* , *Feuerlöschpumpen* , *Pyramiden* usw. ; Diese bestehen im Allgemeinen aus einigen einzelnen Stücken, wie gerbes, serpentsMarroons, Saucipons usw. entsprechend dem Geschmack des Bedieners ordnungsgemäß auf geeigneten Rahmen angeordnet und durch lange Rohre miteinander verbunden, die mit einer brennbaren Zusammensetzung namens Vorfächern gefüllt sind, und mit *Schnellstreichhölzern* oder *Hafenfeuern* und sehr häufig mit gewöhnlichem Zündpapier abgefeuert werden . Wir beginnen unsere Beschreibungen und Anweisungen mit solchen einfacher oder einzelner Art, die uns schrittweise zu komplexeren führen, der Reihenfolge, die wir zu Beginn unserer Arbeit verfolgen wollten.

In den folgenden Richtungen werden wir häufig Gelegenheit haben, Kommunikationsrohre zu erwähnen, die allgemein als *Leiter bezeichnet werden* und durch die die verschiedenen Teile eines zusammengesetzten Werkes miteinander verbunden sind. und mehrere andere Artikel von geringerer Bedeutung, wie Touch-Paper, Quick-Match, Hafenfeuer usw.

Touch-Papier.

1. TOUCH-PAPIER. — Hierbei handelt es sich um ein mit einer Salpeterlösung imprägniertes Papier, wodurch es die Eigenschaft erhält, langsam und ohne Flamme zu verbrennen, aber dennoch stark genug, um sein Feuer auf das Mehlpulver, mit dem es in Berührung kommt, zu übertragen. Es wird auf folgende Weise zubereitet:

Touch-Paper herstellen.

2. *So erstellen Sie Touch-Paper.* — Lösen Sie eine Menge Salpeter in Essig oder einer anderen Säure auf, mehr oder weniger davon, je nachdem, wie Ihr Papier langsam oder schnell brennen soll; Tauchen Sie dann etwas dünnes blaues Papier in diese Lösung, lassen Sie es gut durchnässen, nehmen Sie es

dann heraus und trocknen Sie es zum Gebrauch. Wenn sich bei der Probe herausstellt, dass es nicht richtig brennt oder es beim Anzünden in Flammen aufgeht, ist das ein Zeichen dafür, dass Ihre Lösung zu schwach ist; Sie müssen es daher durch Zugabe von mehr Salpeter verstärken und das Papier erneut durchlaufen lassen. Bei der Anwendung dieses Papiers auf Feuerwerkskörper werden zwei Arten verwendet: — Bei kleinen Gegenständen oder solchen, die *gewürzt werden* (wird später erklärt), binden Sie ein Stück mit Faden oder feinem Zwirn um die Öffnung und lassen dabei genügend Papier übrig Am Ende formt man eine kleine Röhre, in die etwas gemahlenes Schießpulver gegeben wird, und das Papier wird dann darüber gedreht und ist zum Abfeuern bereit.

Für größere Artikel wie Raketen, römische Kerzen usw. Das Papier sollte nicht zusammengebunden werden, sondern mit dünner Blumenpaste um die Öffnung geklebt werden. Es muss jedoch darauf geachtet werden, dass die Paste nicht über das Ende des Gehäuses hinausragt, da dies das Feuer daran hindern würde, mit der Komposition in Kontakt zu treten, und das Stück folglich beim Abbrennen versagen würde.

Schnelles Spiel.

3. SCHNELLMATCH. — Der Zweck des Quick-Match ähnelt dem von Touch-Paper, wird jedoch hauptsächlich zur Bildung der Innenseite von Anführern verwendet. Es besteht im Allgemeinen aus Baumwolldocht (wie er üblicherweise bei der Herstellung von Kerzen verwendet wird), der mit Salpeter imprägniert ist. Es besteht aus mehreren Größen, von einem bis sechs Gewindegängen, je nachdem, wie es für die Rohre oder Artikel, für die es entwickelt wurde, am besten geeignet ist. Die Rohre müssen groß genug sein, um das Streichholz problemlos aufnehmen zu können, da seine Qualität durch das Zerbrechen erheblich beeinträchtigt wird. Das Folgende ist die beste Methode, dieses Paar herzustellen: Nachdem Sie die Baumwolle in die für Ihren Zweck erforderliche Anzahl von Fäden verteilt haben, wickeln Sie sie ganz leicht in eine Kupfer- oder Erdpfanne mit flachem Boden, gießen Sie dann einen Teil des Salpeters hinein und Likör, und kochen Sie alles zusammen etwa zwanzig Minuten lang, rollen Sie es dann wieder in eine andere Pfanne und geben Sie den Rest des Likörs hinein, geben Sie dann etwas Mehlpulver hinzu und vermischen Sie es gut mit der Flüssigkeit; Stellen Sie dann die Pfanne unter den Holzrahmen (Abb. 12) und binden Sie ein Ende der Watte an einer Seite des Rahmens fest. Drehen Sie dann den Rahmen mit einer Hand mithilfe des Griffs (A) um, während Sie die Watte passieren lassen durch die andere, halten Sie es ganz leicht und halten Sie gleichzeitig Ihre Hand voll mit dem nassen Pulver; Wenn das Pulver zu feucht ist, um an der Watte zu kleben, geben Sie mehr in die Pfanne, um einen Vorrat zu haben, bis das Streichholz ganz aufgewickelt ist. Sie können es so nah am Rahmen aufwickeln, wie Sie möchten, sofern es nicht

zusammenklebt. Wenn der Rahmen voll ist, nehmen Sie ihn von den Gelenken ab und sieben Sie trockenes Mehlpulver auf beide Seiten des Streichholzes, bis er ganz bedeckt erscheint. Hängen Sie ihn anschließend an einen warmen Ort zum Trocknen, was, wenn es im Sommer ist, in einem Jahr erfolgt einige Tage, aber wenn es im Winter ist, wird es zwei Wochen dauern, bis es gebrauchsfähig ist; Wenn es vollständig trocken ist, schneiden Sie es an der Außenseite eines der Seitenteile des Rahmens ab und binden Sie es zur Verwendung in Strängen zusammen.

<h3 style="text-align:center">Zusammensetzung für das Spiel.</h3>

Die richtigen Zutaten für das Streichholz sind: Baumwolle, ein Pfund und zwölf Unzen, Salpeter, ein Pfund, Weinbrand, zwei Liter, Wasser, drei Liter, Hausenblase, drei Kiemen und Mehlpulver, zehn Pfund; oder die Hälfte der Menge kann zubereitet werden, indem die Zutaten im gleichen Verhältnis eingenommen werden. Vier Unzen Hausenblase sollten in etwa 3 Liter Wasser aufgelöst werden.

<h3 style="text-align:center">Hafenbrände.</h3>

4. HAFENBRÄNDE. – Dieser Begriff wird auf Papierröhren angewendet, die mit Mehl oder einer ähnlichen Zusammensetzung gefüllt sind und im Allgemeinen zum Anzünden von Raketen oder zusammengesetzten Feuerwerkskörpern verwendet werden, die sehr schnell angezündet werden müssen. Es gibt zwei Arten, die eine wird wie oben verwendet, die andere für Beleuchtungen: Die ersteren werden gewöhnlich als gewöhnliche Hafenfeuer bezeichnet und können in beliebiger Länge hergestellt werden, sind aber selten länger als 21 Zoll; Sie werden auf Stangen mit einem Durchmesser von etwa einem halben Zoll gerollt und in drei oder vier Falten aus Patronenpapier hergestellt, bis ihr Außendurchmesser etwa fünf Achtel Zoll beträgt, wobei die letzte Falte am Rand mit Kleister und an einem Ende gut befestigt ist eingeklemmt oder heruntergeklappt werden. Die Formen mit einem Durchmesser von fünf Achtel Zoll sollten aus Messing oder Zinn bestehen und der Länge nach in Stücke zerlegbar sein, um zwei halbzylindrische Röhren zu bilden, und wenn sie verwendet werden, müssen sie durch mehrere außen angebrachte Ringe miteinander verbunden werden der Röhre. Wenn etwa ein Zoll Metall an einem Ende des Halbrohrs mit dem Durchmesser der Stange oder Form befestigt wird, wird die Notwendigkeit eines Fußes überflüssig und es ist viel bequemer; aber der Teil des ersteren, wie wir ihn nennen können, muss sehr fest mit der Röhre verbunden werden, sonst wird er sich durch das Rammen der Kisten leicht lösen. Die Zusammensetzung zum Füllen dieser Kisten besteht im Allgemeinen aus Salpeter, Schwefel und Mehlpulver in verschiedenen Anteilen, je nach der beabsichtigten Stärke des Feuers, wobei Salpeter im Allgemeinen den größten Anteil hat. Wenn das Feuer sehr langsam brennen soll, wird

manchmal Sägemehl hinzugefügt und die Zutaten werden häufig mit Weinspiritus oder Leinöl angefeuchtet; Diese Kompositionen sollten nicht zu stark gerammt werden. Bei der Verwendung dieser Art von Hafenfeuern wird das vordere Ende in einem Metallsockel befestigt, der wie ein Hafenmalstift aussieht und an einem Stock befestigt wird, der ausreichend lang ist, um jeden erforderlichen Teil des Feuerwerks zu erreichen.

Komposition für Hafenbrände.

Die folgenden Verbindungen werden zum Füllen von Hafenbränden zum Abfeuern von Raketen usw. empfohlen.

	Salzpeter		Sulphur		Mehl-Pulver	
ICH.	12	*Unzen.*	4	*Unzen.*	2	*Unzen.*
II.	8	Tun.	4	Tun.	2	Tun.
III.	18	Tun.	10	Tun.	24	Tun.
IV.	34	Tun.	10	Tun.	6	Tun.
V.	8	Tun.	2	Tun.	2	Tun.

Hafenfeuer zur Beleuchtung.

HAFENFEUER ZUR BELEUCHTUNG. – Diese unterscheiden sich nur in ihrer Länge von den oben beschriebenen, ihr Durchmesser ist derselbe, ihre Länge beträgt drei bis sechs Zoll, sie sind an einem Ende fest zusammengedrückt und am anderen offen gelassen; Sie werden in kleinen Mengen auf einmal gefüllt und sehr leicht gerammt, sonst sind ihre Hüllen gefährdet. Drei oder vier Runden Papier, wobei die letzte Runde aufgeklebt ist, werden für diese Fälle stark genug sein, die Zusammensetzungen sind die gleichen wie zuvor.

Führungskräfte oder Kommunikationskanäle.

5. *Anführer oder Kommunikationskanäle.* – Dabei handelt es sich um kleine Papierröhrchen, deren Länge an die Entfernungen angepasst ist, über die sie sich erstrecken sollen, und die mit einer brennbaren Zusammensetzung gefüllt sind, die nicht zu schnell brennt. Da es am besten ist, sie in großen Längen zu haben, muss für diesen Zweck etwas großformatiges Papier verwendet werden. Das sogenannte „Elefant" erweist sich als am bequemsten und wird für diesen Zweck im Allgemeinen verwendet. Es wird in Streifen mit einer Breite von zwei bis drei Zoll geschnitten, die ausreichen, um viermal um die Form herumzugehen, wodurch die Röhre für die meisten

gewöhnlichen Zwecke stark genug wird. in der Tat, wenn sie mit größerer Substanz hergestellt werden, wird es bei der Anwendung auf die verschiedenen Werke, für die sie bestimmt sind, große Unannehmlichkeiten geben, da sie wegfliegen, ohne ihr Feuer mitzuteilen.

Die Formteile für diese Vorfächer sollten einen Durchmesser von etwa einem Viertel Zoll haben; Ich habe herausgefunden, dass diese Größe für die meisten Zwecke geeignet ist, obwohl sie manchmal sowohl aus kleineren als auch größeren Durchmessern hergestellt werden, aber von einem Achtel bis drei Achtel dürfte das Extrem sein; Glatter Messingdraht mit den richtigen Abmessungen stellt die besten Former dar, die wir verwenden können. Achten Sie bei der Verwendung darauf, sie in Öl oder Fett zu tauchen, um zu verhindern, dass sie am Papier kleben bleiben, das überall aufgeklebt werden muss. Verwenden Sie zum Rollen ein Rollbrett, drücken Sie es jedoch nur leicht darauf. Wenn Sie das erstere herausziehen, was mit einer Hand geschehen muss, während Sie mit der anderen die Röhre festhalten, müssen Sie dabei große Vorsicht walten lassen, sonst bleibt das erstere am Papier hängen und zerreißt es.

Anwendung von Führungskräften.

Beim Zusammenfügen und Platzieren dieser Vorfächer müssen Sie genauso sorgfältig und sorgfältig vorgehen wie bei ihrer Herstellung, denn von der guten Befestigung und Ausrichtung hängt ein Großteil der Leistung aller komplexen Teile ab. Aus diesem Grund werden wir im Detail die beste Methode erläutern Das ist so einfach wie möglich: – Ihre Werke sind bereit zum Bekleiden (wie dieser Vorgang genannt wird), schneiden Sie Ihre Pfeifen in ausreichender Länge, um von einem Gehäuse zum anderen zu reichen, und stecken Sie dann das Schnellstück ein (vorbereitet wie gelehrt). im letzten Artikel), die immer so gestaltet werden muss, dass sie sehr einfach hineingehen; Wenn sich das Streichholz in der Röhre befindet, schneiden Sie es etwa einen Zoll über das Ende der Röhre hinaus ab und lassen Sie es am anderen Ende so weit überstehen. Befestigen Sie dann die Röhre mit einer Nadel an der Mündung jedes Gehäuses und stecken Sie das lose hinein Die Enden des Streichholzes in die Mündungen der Gehäuse der Werke stecken, mit etwas zermahlenem Pulver; Nachdem Sie dies getan haben, kleben Sie jeweils zwei oder drei Stücke Papier über die Öffnung, und die Verbindung wird ziemlich gut befestigt sein.

Für Beleuchtungen und kleine Gehäuse wird im Allgemeinen die folgende Methode angewendet.

Fädeln Sie zuerst ein langes Rohr ein, legen Sie es dann auf die Oberseite der Kisten und schneiden Sie ein Stück von der Unterseite über der Mündung jedes Kisten ab, damit das Streichholz sichtbar wird. Befestigen Sie dann die Pfeife an jeder anderen Kiste, aber bevor Sie die Pfeifen anbringen, geben

Sie ein wenig Mehlpulver in die Öffnung jeder Kiste. Wenn es sich bei den so gekleideten Kisten um Hafenfeuer oder beleuchtete Werke handelt, bedecken Sie die Öffnung jedes Kisten mit einem einzigen Papier; Handelt es sich jedoch um verstopfte Kisten, die so angebracht sind, dass vor dem Brennen mehrere Funken von anderen Werken auf sie fallen könnten, sichern Sie sie mit drei oder vier Papieren, die sehr glatt aufgeklebt werden müssen, damit keine Falten entstehen, in denen sich die Funken festsetzen könnten in, die die Werke oft vor ihrer Zeit in Brand steckten.

Vermeiden Sie es so weit wie möglich, die Leiter zu nah oder übereinander zu platzieren, so dass sie sich berühren, da es passieren kann, dass der Blitz des einen den anderen auslöst und dadurch die Schönheit Ihrer Arrangements zerstört.

Wenn Ihre Werke so geformt sein sollten, dass die Leiter sich kreuzen oder berühren müssen, achten Sie sehr darauf, dass sie an den Verbindungsstellen und ebenso an jeder Öffnung fest und sicher sind.

Wenn eine große Rohrlänge erforderlich ist, muss sie durch Zusammenfügen mehrerer Rohre auf folgende Weise hergestellt werden. Nachdem Sie so viele Rohre wie möglich auf ein Streichholzstück gesteckt haben, kleben Sie Papier über jede Verbindung. Wenn jedoch eine noch größere Länge erforderlich ist, müssen weitere Rohre verbunden werden, indem Sie am Ende jedes Rohrs etwa 2,5 cm an einer Seite abschneiden und verlegen Stecken Sie die Steckverbindungen zusammen und binden Sie sie mit einer dünnen Schnur zusammen. Decken Sie anschließend die Verbindung mit geklebtem Papier ab.

ABSCHNITT V.

Von einzelnen Feuerwerken.

Wir gehen nun dazu über, diese Klasse von Gegenständen aufzuzählen und zu beschreiben, die aufgrund der Einfachheit ihrer Konstruktion den Namen „Einzelfeuerwerke" erhalten haben. Unter diesen ist die Schlange oder das, was man gemeinhin Zündpille nennt, das erste, was ins Auge fällt.

Schlangen.

1. SCHLANGEN. – Diese Schlangen sind im Allgemeinen etwa sechs bis acht Zoll lang und haben einen Durchmesser von etwa einem halben Zoll. Manchmal sind sie gerade und manchmal mit einem Hals in der Mitte. Der Name, den sie tragen, ist wahrscheinlich auf das zischende Geräusch zurückzuführen, das sie beim Abfeuern machen, oder auf die Zickzack- oder Vibrationsrichtungen, in die sie sich bei richtiger Konstruktion bewegen, wenn sie aus der Hand projiziert werden. Abb. 17 stellt eine komplette Schlange dar, wobei AC, die Länge des Gehäuses, bei einer gewöhnlichen Größe etwa sechs Zoll betragen kann. Diese Hüllen müssen aus starkem Papier hergestellt und in einer Form mit einem Durchmesser von etwa einem Viertel Zoll oder etwas mehr gerollt werden. Nachdem man ein Ende mit starker Schnur festgebunden oder festgebunden hat, füllt man die Hülle zu etwa zwei Dritteln Dazu wird ein Teil der Zusammensetzung, die in der allgemeinen Tabelle in Abschnitt VII beschrieben ist, mäßig fest in die für den Durchmesser des Gehäuses geeignete Form gerammt und dann entweder im Teil B erstickt, d. h. mit einem Stück Schnur zusammengeklemmt , so dass eine sehr kleine Öffnung übrig bleibt, oder es wird ein hinderlicher Körper, wie ein kleines Stück Papier oder ein Wickensamen, eingeführt, und der Rest des Gehäuses muss mit Körnern oder Maismehl gefüllt werden. Zuletzt muss dieses andere Ende gut mit Bindfaden befestigt werden und wird üblicherweise in geschmolzenes Pech getaucht. Das andere Ende muss nun gelöst werden und ein wenig angefeuchtetes Mehlpulver wird hineingegeben, darüber ein Stück Papier, das ordnungsgemäß befestigt ist Schlange ist fertig.

Wenn die Schlangen nicht zur Mitte hin erstickt werden, bewegen sie sich statt im Zickzack mit einer wellenförmigen Bewegung auf und ab, bis das Feuer auf das körnige Pulver im Teil BC übertragen wird und sie dann mit einem lauten Knall platzen.

Um die Kompositionen in kleine Behälter zu füllen, erweist sich eine in Löffelform geschnittene Feder als sehr nützlich. Die Mühe, first temporarily die Enden der Kisten abzuwürgen und zu binden, kann entfallen, wenn die Form, in die sie gerammt werden, mit einem Fuß und einem Nippel versehen ist, wie im Artikel „Raketen" beschrieben.

Die gewöhnlichen Zündkapseln oder solche mit kleinen Abmessungen können mit noch weniger Aufwand hergestellt werden, da die Hülsen wie zuvor gerollt, verklebt und getrocknet werden und ein Ende dauerhaft festgebunden und versiegelt oder anschließend in heißes Pech getaucht werden kann Sie können auf folgende Weise gefüllt werden: Geben Sie zuerst eine kleine Menge körniges Pulver hinein, das Sie mit Ihrem Stampfer und Holzhammer ziemlich fest hineinstoßen, und füllen Sie dann die Hülse wie zuvor mit der Zusammensetzung auf, wobei Sie sie im Laufe der Zeit kräftig hineinstoßen der Füllung zwei- oder dreimal; Wenn das erledigt ist, bedecken Sie es mit Touchpapier, wie zuvor beschrieben, und der Squib ist einsatzbereit.

Cracker.

2. CRACKER. – Das beste Material für die Cracker-Hüllen ist Patronenpapier, das _dimensions of which_ für ein normales Format etwa 15 Zoll lang und dreieinhalb Zoll breit ist und auf die folgende besondere Weise gefaltet ist; wir nennen es besonders, weil die Güte des Crackers davon abhängt; Die Methode besteht darin, zunächst eine Kante auf eine Breite von etwa drei Viertel Zoll nach unten zu falten, dann die Doppelkante um etwa einen Viertel Zoll nach unten zu falten und die einzelne Kante über die Doppelfalte zurückzubiegen, so dass sie sich darin bildet ein Kanal mit einer Breite von einem Viertel Zoll, der, wenn er geöffnet ist, mit gemahlenem, nicht sehr fein gemahlenem Pulver gefüllt werden soll; dieses Pulver soll dann mit den Falten auf jeder Seite bedeckt werden, und das Ganze soll sehr glatt und dicht gepresst werden, indem man die Kante eines flachen Lineals oder eines ähnlichen Instruments darüber führt und diesen Teil, der das Pulver enthält, nach und nach in den Rest des Papiers faltet, wobei darauf zu achten ist, dass jede Falte auf die gleiche Weise niedergedrückt wird.

Der bisher vorgebreitete Cracker muss in Falten von etwa zweieinhalb Zoll nach hinten und vorne gedoppelt werden, und zwar so oft, wie es die Länge des Papiers zulässt. Danach sollte das Ganze mit einem kleinen hölzernen Schraubstock (ähnlich denen, die Zimmerleute unter dem Namen Handschrauben kennen und deren Verwendung für viele andere Zwecke äußerst praktisch sein würde) ziemlich eng zusammengedrückt werden Ein Stück Schnur wurde zweimal um die Mitte über die Falten geführt und die Verbindungen gesichert, indem man die Schnur nacheinander bei jeder Falte um die Mitte drehen ließ; Eines der Enden der Falten kann kurz nach unten verdoppelt werden, was einen zusätzlichen Bericht ergibt, das andere muss ein wenig über den Rest hinausragen, um es mit dem Touchpapier zu grundieren und abzudecken; Wenn dies erledigt ist, ist der Cracker fertig.

Knallbonbons sorgen, wenn sie gut gemacht und von ausreichender Stärke sind, für viel Fröhlichkeit, und wenn sie von beträchtlicher Größe sind, sind sie ein hervorragendes Mittel, um eine Menschenmenge zu zerstreuen; Gleichzeitig sind sie so vollkommen harmlos, dass nicht zu erwarten ist, dass das Vergnügen, das sie bieten, böse Folgen haben wird.

Stifträder.

3. RÄDER FESTSTECKEN. — Stift- oder Katharinenräder sind von sehr einfacher Konstruktion, es wird nichts weiter benötigt als ein langer Drahtformer mit einem Durchmesser von etwa drei Sechzehntel Zoll; Auf diesem Draht werden die Rohre geformt, die mit Masse gefüllt und anschließend um einen kleinen Kreis aus Holz gerollt werden, so dass eine Helix oder Spirallinie entsteht.

Die Hüllen bestehen im Allgemeinen aus Elefantenpapier oder einem solchen, das die größte Länge zulässt; etwa viermal um den Draht gerollt und beim Rollen verklebt; Wenn eine Reihe von Pfeifen hergestellt und vollkommen trocken geworden sind, werden sie mit der unter Nr. 2 in der Tabelle beschriebenen Zusammensetzung gefüllt; Diese Kisten werden nicht gerammt, sondern mit Hilfe eines Zinntrichters mit langem Rohr gefüllt, der so gemacht ist, dass er leicht durch den Kasten geführt werden kann, der nach und nach durch Schütteln der Zusammensetzung aus dem Trichter gefüllt wird. Alle so vorbereiteten Kisten werden, wenn einer von ihnen an einem Ende verschlossen ist, um den flachen Holzkreis geklebt, der nicht mehr als einen halben Zoll dick und einen Durchmesser von einem Zoll sein darf, und bei jeder halben Drehung befestigt durch Siegellack; Wenn dies alles um den Kreis gewickelt ist und das Rad nicht groß genug ist, kann ein zweites Gehäuse in die Öffnung des letzten eingeführt werden, wobei darauf zu achten ist, dass das eingeführte Ende nur locker verdreht ist, da es sonst die Kommunikation behindern und die Wirkung zerstören könnte; Nachdem dies jedoch richtig eingestellt und die Verbindung durch Kleben von Papier gesichert ist, wird die Spirale auf die gleiche Weise wie zuvor fortgesetzt, bis das Rad auf die richtige Größe vergrößert ist, oder so, wie es dem Geschmack des Tyro entspricht.

Der Mittelblock muss in der Mitte durchbohrt werden, um einen starken Stift oder ein kleines Stück Draht aufzunehmen, mit dem das Rad an einem Pfosten oder einem anderen geeigneten Gegenstand befestigt werden kann, oder indem der Stift oder Draht hineingesteckt wird Mark einer Haselstange, das Rad kann ohne Gefahr in der Hand losgelassen werden; Wenn die Mündung der letzten Patrone grundiert und mit Zündpapier verschlossen wird, drückt der Impuls der Flamme gegen die Luft beim Anzünden den entzündeten Teil des Rades zurück, das sich weiter dreht, bis die gesamte Komposition verbraucht ist . [7]

4. STERNE. – Dabei handelt es sich um kleine Papierkugeln, die mit einer Komposition gefüllt sind, die ein äußerst schönes strahlendes Licht ausstrahlt, das mit dem Licht „dieser endlosen Schönheiten, die unsere himmlische Hemisphäre schmücken" verglichen wird; da die Zwecke, für die sie hauptsächlich verwendet werden, die Verzierung anderer Gegenstände wie Raketen, römische Kerzen usw. sind. Ihre Abmessungen müssen daher begrenzt oder an diese Artikel angepasst sein, daher dürfen ihre Durchmesser selten mehr als drei Viertel Zoll betragen, es sei denn, die Artikel, an denen sie befestigt sind, haben größere als gewöhnliche Abmessungen, und bei kleinen Artikeln muss ihr Durchmesser kleiner sein im Verhältnis. Am Anfang dieses Artikels haben wir sie „Papiergloben" genannt, aber wir müssen beachten, dass sie nur dann in Papier gebracht werden, wenn ihre Zusammensetzung trocken zubereitet wird; und anstelle von Papier werden sie häufig in ein kleines Stück Leinenlappen eingewickelt, das mit einer dünnen Schnur eng umwickelt wird, und wenn eine dieser Umhüllungen verwendet wird, muss ein Loch in die Mitte gestochen werden, um ein Stück Streichholz aufzunehmen, das herausragt wenig auf jeder Seite.

Obwohl die obige Art der Herstellung von Sternen häufig praktiziert wird, habe ich es immer als das Beste empfunden, die Zusammensetzung feucht in Form einer steifen Paste zu verwenden, wenn es nicht notwendig ist, den Stern in irgendetwas einzuschließen, da er aus einer solchen Masse hergestellt wird Einfügen kann seine Rundheit behalten; Es ist auch nicht nötig, ein Loch für das Streichholz hineinzustechen, denn wenn es neu hergestellt und daher feucht ist, kann es in pulverisiertem Schießpulver gewalzt werden, das daran haften bleibt; Wenn dieses Pulver entzündet wird, dient es als Streichholz und entzündet die Zusammensetzung des Sterns, der sich beim Fallen zu Sternen formen und ein äußerst schönes Aussehen zeigen wird. Die Zusammensetzung für Sterne entnehmen Sie bitte der Tabelle Abschn. 7, Nr. 3 und Nr. 4.

Aufgereihte Sterne.

AUFGEREIHTE STERNE. – Um diese herzustellen, schneiden Sie etwas dünnes Papier in Stücke von etwa anderthalb Zoll im Quadrat, legen Sie dann auf jedes Stück gleiche Mengen trockener Sternmasse, fast so viel, wie das Papier enthält, und drehen Sie das Papier dann so leicht wie möglich zusammen. Wenn Sie fertig sind, reiben Sie etwas Blumenpaste auf Ihre Hand und rollen Sie den Stern dazwischen. Legen Sie sie dann zum Trocknen an einen warmen Ort. Wenn die Sterne auf diese Weise vorbereitet sind, nehmen Sie etwas Flachs oder feines Kabel und rollen Sie ein wenig über jeden Stern. Kleben Sie dann das Band zusammen und rollen Sie sie wie zuvor zusammen. Anschließend lassen Sie sie erneut trocknen. Wenn das ganz fertig ist, bohren Sie mit einem Locher ein Loch in die Mitte jedes Stücks und fädeln Sie es auf ein Schnellzündholz aus Baumwolle, das lang genug ist, um 10 oder 12 Sterne in einem Abstand von 3 bis 4 Zoll aufzunehmen. Durch das Zusammenfügen verschiedener Streichholzlängen können wir eine beliebige Anzahl von Sternen aneinanderreihen.

Schwanzsterne.

SCHWANZSTERNE. – Oder, wie sie manchmal Kometensterne genannt werden, weil sie eine große Anzahl von Funken aussenden, die einen Schweif ähnlich dem eines Kometen darstellen; Es gibt zwei Arten, die den oben genannten Namen tragen: die gerollten und die getriebenen; Wenn sie gerollt werden, müssen sie mit einer Flüssigkeit aus einem halben Pint Weingeist und einer halben dünnen Schicht (Pergament oder ein anderes feines Material) angefeuchtet werden, so viel davon, dass die Masse eine richtige Konsistenz erhält zum Rollen zu Kugeln; Wenn das fertig ist, sieben Sie das Mehl darüber und lassen Sie es trocknen.

Angetriebene Sterne.

ANGETRIEBENE STERNE. – Für diese muss die Flüssigkeit, die zum Befeuchten der Zusammensetzung verwendet wird, Weinspiritus sein, in dem etwas Kampfer aufgelöst ist, und nur eine sehr kleine Menge davon, da die Zusammensetzung bei „Driven Stars" nicht nass sein muss; Zu diesem Zweck eignen sich am besten Kisten mit einem oder zwei Unzen Inhalt, die aus sehr dünnem Papier bestehen müssen.

Nachdem die Mischung wie oben mit Weingeist und Kampfer angefeuchtet wurde, müssen sie gefüllt und mäßig fest gestampft werden, wobei darauf zu achten ist, dass die Hülle nicht zerbricht oder das Papier an der Innenseite herunterfällt. Um sie beim Füllen und Stampfen zu schützen, ist es am besten, mehrere Formen zu besorgen, die an ihren Außendurchmesser angepasst sind. Diese Formen können aus Zinn oder jeder Art von Holz sein und für Sterne geeignete Abmessungen von 8 Drams bis 4 Unzen haben; Wenn sie gefüllt sind, müssen ihre Hüllen erheblich leichter gemacht werden, was dadurch erreicht wird, dass das Papier innerhalb von drei oder vier Runden von der Ladung, die abgeschnitten werden soll, abgerollt wird und der lose Rand mit etwas Kleister befestigt und anschließend fixiert wird zwei oder drei Tage lang trocknen lassen; Sobald sie ausreichend trocken sind, müssen sie entsprechend ihrem Gewicht in Längen geschnitten werden, die ungefähr wie folgt aussehen: Bei Kisten mit einer Viertel- bis einer halben Unze kann ihre Länge fünf oder sechs Achtel Zoll betragen; von einer halben Unze bis zu einer Unze kann ihre Länge einen Zoll betragen; wenn zwei Unzen, ein Zoll und ein Viertel; von 3 bis 4 Unzen und 1,5 Zoll lang: Von den kleineren Stücken muss ein Ende so in geschmolzenes Wachs getaucht werden, dass es die Zusammensetzung bedeckt, das andere Ende muss mit Mehlpulver bestreut werden, das mit Weingeist befeuchtet ist. Bei den größeren Stücken müssen beide Enden wie zuvor mit Mehl benetzt werden.

Auf die oben beschriebene Weise hergestellte Sterne werden fast ausschließlich für Luftballons verwendet und in Gehäusen getrieben, um sie vor der Kraft der Zusammensetzung zu schützen, mit der die Ballons gefüllt sind. Daher ist ihre Anwendung bei Raketen und anderen kleinen Artikeln völlig unvereinbar ihre Natur.

Gerollte Sterne.

GEROLLTE STERNE. – Diese werden hauptsächlich aufgrund des Vorgangs, der bei ihrer Herstellung eingesetzt wird, so genannt. Ihre Abmessungen liegen zwischen einem halben Zoll und einem Zoll Durchmesser. Bei der Zusammensetzung muss darauf geachtet werden, dass die Zutaten gut vermischt werden, und vor der Zubereitung muss sie mit der folgenden Flüssigkeit ausreichend benetzt werden, um sie in eine Paste umzuwandeln; Weingeist, ein Liter, darin eine Viertelunze Hausenblase auflösen. Es darf nicht zu viel von der Zusammensetzung auf einmal zubereitet werden, ein Pfund reicht für eine gewöhnliche Anzahl von Sternen aus, denn wenn eine größere Menge angefeuchtet wird, besteht die Gefahr, dass der Spiritus verdunstet und die Zusammensetzung trocken und für den Zweck unbrauchbar bleibt. bevor alles aufgerollt werden kann. Um den Sternen einheitliche Abmessungen zu verleihen, habe ich die folgende Methode als am geeignetsten und am wenigsten problematisch empfunden: Wenn die Zusammensetzung richtig angefeuchtet ist, rollen Sie sie mit einem glatten runden Stab auf einer flachen, ebenen Oberfläche wie Stein oder Holz aus, bis sie etwa einen halben Zoll dick ist, und teilen Sie sie dann genau in Quadrate, deren Abmessungen der gewünschten Größe entsprechen Sterne; Es gibt andere Methoden, um die Größe der Sterne zu regulieren, aber ich habe festgestellt, dass diese die praktischste ist, weshalb ich sie empfehlen kann. Nachdem Sie die Portion der vorbereiteten Zusammensetzung wie angegeben aufgerollt haben, schütteln Sie sie feucht in etwas Mehlpulver und stellen Sie sie zum Trocknen an einen warmen Ort, was in zwei oder drei Tagen erfolgen wird. Wenn man sie jedoch sofort möchte, kann man sie schnell trocknen, in einer irdenen Pfanne über einem langsamen Feuer oder in einem Ofen mit mäßiger Temperatur; Wenn die Sterne perfekt vorbereitet sind, müssen sie zum Gebrauch in einer kleinen Schachtel aufbewahrt werden, denn wenn sie der Luft ausgesetzt werden, werden sie schwach und erzeugen nur noch wenige der Wirkungen, die sie zu anderen Zeiten so schön machen.

5. FUNKEN. „Funken unterscheiden sich nur in ihrer Größe von den oben beschriebenen Sternen, da sie im Allgemeinen von sehr kleiner Größe sind und daher nur von kurzer Dauer in ihrer Erscheinung sind. Die Zubereitungsmethode ist wie folgt: In ein irdenes Gefäß werden eine Unze gemahlenes Schießpulver, drei Unzen gemahlener Salpeter und vier Unzen Kampfer gegeben und durch Verreiben in einem Mörser mit einer kleinen Menge Spiritus zu Pulver verarbeitet Wein; Gießen Sie über diese Mischung etwas schwaches Gummiwasser, in dem etwas Gummi-Adraganth aufgelöst wurde, bis die Zusammensetzung den Zustand einer dünnen Paste erreicht hat. Nehmen Sie dann etwas Flusen, das Sie durch Kochen in Essig oder Salpeter zubereitet und anschließend getrocknet und entwirrt haben, und geben Sie so viel davon in die Masse, dass das Ganze absorbiert wird. Achten Sie dabei darauf, es gut umzurühren. Aus dieser Masse sollen kleine Kugeln von etwa der Größe einer Erbse geformt werden, die bei mäßiger Hitze getrocknet und mit gemahlenem Schießpulver bestreut werden, damit sie leicht Feuer fangen können.

Eine andere Methode.

Eine andere Methode zur Herstellung von Sparks. - Nehmen Sie etwas Sägemehl aus Tannenholz oder einem anderen Holz, das leicht brennt, und kochen Sie es in Wasser, in dem Salpeter aufgelöst wurde. Nach etwa einer Viertelstunde Kochen muss das Gefäß vom Feuer genommen und die Flüssigkeit abgegossen werden, sodass das Sägemehl am Boden des Gefäßes zurückbleibt. Anschließend muss das Sägemehl einzeln auf ein flaches Brett gelegt werden oder Tisch, und bestreuen Sie es im feuchten Zustand mit durch ein feines Haarsieb gesiebtem Schwefel. Das Siebpulver (Schwefel) wird verbessert, wenn man ihm eine kleine Portion gemahlenes Schießpulver hinzufügt. Wenn das Ganze gut vermischt ist und die richtige Konsistenz hat, wird es wie in der anderen Methode beschrieben zu Sparks verarbeitet.

Kastanienbraun.

6. KASTANIENBRAUN. — Kastanienbraune sind von sehr einfacher Konstruktion, da sie nichts weiter sind als kleine kubische Kästen, die mit einer Zusammensetzung gefüllt sind, die geeignet ist, sie zum Platzen zu bringen und von dort aus einen lauten Knall zu erzeugen, der, und die Plötzlichkeit, seine Haupteigenschaft ist. Sie werden hauptsächlich in Kombination mit anderen Teilen oder zur Bildung einer Batterie verwendet, in der sie durch unterschiedlich lange Schnellzündungen in unterschiedlichen Abständen zur Explosion gebracht werden.

Konstruktion.

Konstruktion. – Schneiden Sie ein Stück Pappe in die in <u>Abb. dargestellte Form. 18</u>, das sich zu einem kubischen Kasten zusammenfalten lässt, müssen die Winkel durch Überkleben mit Papier gut befestigt werden, wobei die Oberseite so lange belassen bleibt, bis sie gefüllt ist: Wenn dies erledigt ist, muss der Kasten mit körnigem Pulver und dann mit starkem Zement gefüllt werden <u>paper over the top</u>. und wieder in verschiedene Richtungen über den Körper; Und um die Festigkeit der Box zu erhöhen (was zu einem lauteren Knall führt), wickeln Sie zwei oder drei Reihen Packfaden um, die Sie in etwas starken Kleber getaucht haben, bohren Sie dann ein Loch in eine der Ecken und stecken Sie ein Stück Schnellzündholz hinein , und Ihr Marroon ist einsatzbereit.

Kastanienbraune können vor ihrer Explosion zum Leuchten gebracht oder in ein strahlendes Aussehen gebracht werden.

Dies geschieht, indem man sie mit einer Paste aus Schwefelblüten, vermischt mit dünner Stärke, bedeckt und sie anschließend in pulverisiertem Schießpulver wälzt, das als Streichholz oder Kommunikation dient; Wenn sie auf diese Weise hergestellt werden, werden sie leuchtende Kastanienbraun genannt.

Saucissons.

<u>7.</u> SAUCISSONS. – Diese unterscheiden sich nur in der Form von den vorstehenden Artikeln; Bis vor Kurzem wurde kein Unterschied zwischen ihnen gemacht und (unserer Meinung nach) sollte auch keiner existieren, aber die französischen Künstler hielten es für richtig, ihnen den oben genannten Namen zu geben, weil sie angeblich einer Wurst ähneln.

Die Gehäuse der Marroons sind kubisch, die für die vorliegenden Artikel sind zylindrisch und müssen im Verhältnis zur Länge etwa das Vierfache ihres Außendurchmessers betragen; Ihr Durchmesser kann zwischen 1 und 2,5 oder 3 Zoll betragen, und die Stärke ihrer Gehäuse nimmt mit der Größe zu.

Die Koffer müssen an einem Ende wie bei Raketen gewürgt oder eingeklemmt und ziemlich fest gebunden werden; und danach sollte der Boden, auf dem sie gerollt werden, fest gedrückt werden, um ihn glatt zu machen und die durch das Ersticken entstandenen Falten zu entfernen; Der erstere oder Innendurchmesser sollte die Hälfte des Außendurchmessers des Gehäuses nicht überschreiten.

Die so vorbereiteten Kisten werden mit grobem Pulver von einem Durchmesser und einem Viertel Höhe gefüllt, und der Rest des Papiers muss fest auf das Pulver gefaltet werden; Binden Sie sie dann in allen Richtungen

- 40 -

mit einem in Leim getauchten starken Packfaden fest und lassen Sie sie dann wie zuvor trocknen.

Sie können leuchtend gemacht und das Streichholz auf die gleiche Weise wie bei Kastanienbraun aufgetragen werden.

Batterien von Marroons &c.

Batterien aus Marronen usw. – Es wurde gesagt, dass diese, wenn sie gut verwaltet werden, einen Marsch oder ein langsames Musikstück im Takt halten. Sie müssen dazu tatsächlich gut gemanagt werden; Ich habe (mit Sorgfalt) mehrere Versuche gemacht, aber bei keinem hatte ich das Glück, diese Einheitlichkeit in ihren Intervallen herzustellen, um den Beginn jedes Takts der Musik korrekt zu markieren; Wenn sie dies nicht tun, versagen sie hinsichtlich dieser Eigenschaft völlig. Allerdings kann mit diesen lauten Stücken viel Wirkung erzielt werden, wenn man sie auf mehreren Ständern mit einer Reihe von Querschienen anordnet, auf die man sie nagelt, und die man durch Anschläge usw. miteinander verbindet. von unterschiedlicher Länge, entsprechend ihrem Abstand voneinander, wobei man darauf achtet, die großen und kleinen Kastanienbraunen und Saucissons zu verwenden, um eine größere Vielfalt in den Berichten zu erzeugen, was bei der Ausstellung anderer Artikel ihr Hauptzweck ist.

Eine Batterie mit kompletten Leitern ist in Abb. 19 dargestellt.

Gerbes.

8. GERBES. – Hierbei handelt es sich um eine Art Feuerwerk, das aus einem zylindrischen Gehäuse einen leuchtenden und funkelnden Feuerstrahl ausstößt, den die Franzosen aufgrund seiner teilweisen Ähnlichkeit mit einem Wasserspeier „Gerbe" nennen.

Gerbes bestehen aus a strong cylindricaleiner Schachtel aus dickem Papier oder Pappe, die mit glänzender Komposition und manchmal mit in geringem Abstand angeordneten Sternen oder Kugeln gefüllt ist, so dass die Komposition und die Kugeln abwechselnd eingeführt werden. Unmittelbar unter jede Kugel wird etwas körniges Pulver gegeben. Diese letzte Art von Gerbes nennt man besser römische Kerzen, die wir im nächsten Artikel beschreiben werden. Gerbes sind manchmal vollständig zylindrisch und manchmal mit einem langen, schmalen Hals; Die Gründe für die Herstellung mit Hals ergeben sich eher aus philosophischen Überlegungen: Beim Abfeuern üben sie eine große Kraft auf alle Teile des Gehäuses aus, insbesondere auf die Mündung, von der aus sie mit großer Geschwindigkeit austreten; Die daraus abgeleiteten Gründe dafür, sie mit einem langen Hals herzustellen, sind erstens, dass die Eisenteilchen, die in ihre Zusammensetzung gelangen, mehr Zeit zum Erhitzen haben, da sie beim Heraustreten auf einen größeren Widerstand stoßen, als bei einem kurzen

Hals, der würde zu stark verbrannt werden, bevor die Ladung verbraucht wäre, und die Wirkung verderben; zweitens, dass die Sterne mit langen Hälsen in eine größere Höhe geschleudert werden und nicht fallen, bevor sie verbraucht sind oder sich zu sehr ausbreiten; aber wenn es perfekt gemacht ist, wird es so aufgehen und sich ausbreiten, dass es ziemlich genau die Form einer Weizengarbe darstellt.

Der Durchmesser von Gerbes wird im Allgemeinen anhand des Gewichts einer Bleikugel geschätzt, die das Gehäuse aufnehmen kann; so sagen wir Gerbes von acht Unzen, von einem Pfund usw. Ihre Länge von der Unterseite bis zur Oberseite des Halses sollte etwa sechs Durchmesser betragen; Der Hals hat einen Durchmesser von etwa einem Sechstel und eine Länge von drei Vierteln. Sie sind auf zwei Arten gefüllt, je nachdem, ob sie einen Hals haben oder ganz zylindrisch sind; Die Kisten der letzteren Art sind unten geschlossen und gefüllt wie die von Schlangen, aber die Masse muss in kleinen Mengen hineingegeben und sehr fest gerammt werden; Kisten mit Hälsen werden von unten gefüllt, aber bevor Sie mit dem Stampfen beginnen, müssen Sie darauf achten, die Öffnung des Halses mit einem auf seinen Durchmesser passenden Stück Holz zu verschließen, denn sonst fällt die Masse hinein B. den Hals, und lassen Sie eine Lücke im Gehäuse, die dazu führt, dass es platzt, sobald das Feuer diesen Teil erreicht.

Sie müssen auch darauf achten, dass die ersten oder zweiten Rammstöße eine schwächere Zusammensetzung haben als der Gehäusekörper. Wenn der Stopfen gefüllt ist, muss er entfernt werden, und der Hals muss mit einer langsamen Ladung gefüllt und mit Touch-Papier verschlossen werden; Anschließend muss ein Holzfuß an der Gerbe befestigt und gut gesichert werden, entweder durch einen an der Außenseite des Gehäuses befestigten Zylinder oder durch ein Loch darin, in das das Gehäuse eingesetzt werden kann. Wenn eine dieser Methoden angewendet wird, muss der Fuß fest befestigt sein.

Manchmal entstehen beim Füllen der Kisten Funken (Artikel 5), doch in diesem Fall muss besonders darauf geachtet werden, dass sie nicht durch hartes Rammen zerbrechen; ihre Anzahl sollte durch die Größe des Gehäuses reguliert werden, und wenn sie sorgfältig verwendet werden, erzeugen sie eine angenehme Wirkung, am besten eignen sie sich jedoch für solche Gerbes, die vollständig zylindrisch sind.

Die folgende Methode zur Bestimmung des Innendurchmessers von Gerbes wird im Allgemeinen verwendet: Man nimmt an, dass der Außendurchmesser des Gehäuses unten (der normalerweise etwas größer als oben ist) 4 Zoll beträgt, und nimmt dann zwei Viertel für die Seiten In diesem Fall verbleiben zwei Zoll für die Bohrung, was eine erträgliche gute Größe ist, und nach den für die Höhe gegebenen Regeln beträgt diese bis zur

Halsoberkante etwa 24 Zoll. Abb. 20 stellt einen hölzernen Former dar; und Abb. 21 eine Gerbe mit vollständigem Fuß. Die Zusammensetzung zum Abfüllen finden Sie in der Tabelle, Abschnitt 7 .

Beim Rammen großer Gerbes ist keine äußere Form erforderlich, da die Hülsen stark genug sind, um sich selbst zu tragen.

<h2 style="text-align:center">Kleine Gerbes.</h2>

KLEINE GERBES. – Diese werden häufig „Weiße Brunnen" genannt; Wenn sie als Gerbes verwendet werden, unterscheiden sie sich nur wenig von den oben genannten: Sie bestehen aus vier, acht oder zwölf Unzen großen Behältern beliebiger Länge, sind verklebt und sehr fest gemacht. Bevor sie gefüllt werden, treiben Sie etwa einen Durchmesser ihrer Öffnung ein Geben Sie etwas guten, steifen Ton hinein und bohren Sie, wenn die Kiste gefüllt ist, durch die Mitte des Tons bis zur Zusammensetzung ein Entlüftungsloch von üblichem Ausmaß, das wie zuvor grundiert und verschlossen werden muss.

Diese Kisten werden manchmal mit chinesischem Feuer gefüllt. In diesem Fall darf der Ton nicht verwendet werden, sondern muss wie zylindrische Kisten gefüllt und auf die gleiche Weise mit Füßen versehen und grundiert werden.

<h2 style="text-align:center">Römische Kerzen.</h2>

9. RÖMISCHE KERZEN. —Römische Kerzen sind fast nach der Art von Gerbes konstruiert; Ihre Gehäuse sind, wie oben beschrieben, vollkommen zylindrisch, und zwischen den Zusammensetzungsschichten sind Kugeln oder Sterne eingefügt, die gemäß Artikel 4 vorbereitet sind. Beim Füllen und Stampfen römischer Kerzen muss besonders darauf geachtet werden, dass die Sterne vorhanden sind bei der Operation nicht kaputt gegangen. Wenn die Kisten richtig gerollt und getrocknet sind und ihre Böden durch Festbinden mit einer starken Schnur fest zusammengebunden sind, ist es am besten, vor dem Einfüllen der Masse etwas trockenen Ton zu stampfen, der die Mulde ausfüllt, und sie stehen zu lassen ein besserer Boden des Gehäuses. Wenn dies richtig gemacht ist, geben Sie eine kleine Menge Maispulver hinein und darüber ein kleines Stück Papier, um zu verhindern, dass sich die Zusammensetzung mit dem Pulver vermischt. dann ist so viel von der Zusammensetzung hineinzugeben, dass bei kräftigem Einstampfen die Hülse etwa ein Sechstel ihrer Höhe ausfüllt; darüber ein kleines Stück Papier (das etwa zwei Drittel des Durchmessers bedeckt) wie zuvor, dann etwas Maismehl und darauf eine Kugel, wobei darauf zu achten ist, dass die Kugel den somewhat less thanDurchmesser des Gehäuses hat. Über diese erste Kugel wird mehr von der Zusammensetzung gegeben und leicht angedrückt, bis die Kiste etwa zu einem Drittel gefüllt ist. Dann kann sie gerammt

werden, allerdings mit einigen sanften Bewegungen, damit die Kugel nicht dadurch zerbricht; dann ein Stück Papier, ein wenig Maismehl und darauf eine weitere Kugel, wie zuvor; so dass der Behälter auf diese Weise fünf oder sechs Kugeln mit regelmäßigen Zusammensetzungsbetten dazwischen enthält und über der höchsten Kugel etwa die gleiche Zusammensetzungslänge aufweist. Wenn das Gehäuse auf diese Weise gefüllt ist, wird es mit Klebepapier verschlossen, indem man es um die Öffnung herum klebt und mit etwas gemahlenem Pulver grundiert, um das Stück fertigzustellen.

Was die Sterne oder Kugeln betrifft, so ist es am besten, wenn ihre Form flach und kreisförmig oder sogar quadratisch statt kugelförmig ist, da sie bei der Füllung weniger anfällig für Verletzungen sind; Sie sollten auch etwas unterschiedlich groß sein, was ihrer Wirkung deutlich zuträglich ist; Das heißt, der erste Stern soll etwa zwei Drittel des Durchmessers des Gehäuses haben, der nächste etwas größer sein und so weiter bis zum vierten, fünften oder sechsten, der letzte sollte genau in das Gehäuse passen.

Beachten Sie auch, dass die Pulvermenge am Boden jeder Kugel zunimmt, wenn der Durchmesser der Kugeln zunimmt oder sie sich der Oberseite des Gehäuses nähern. Nicht wegen des zusätzlichen Gewichts des Balls, sondern da bei den Bällen, die sich weiter oben befinden, die Kraft des Pulvers früher aufhört, auf den Ball einzuwirken, als bei den Bällen, die tiefer im Gehäuse liegen, und folglich auch die Kraft, die zum Werfen des Balls nötig ist Ball auf die gleiche Distanz muss increase proportionally; Ein weiterer Grund für die Verringerung der Pulvermenge nach unten hin besteht darin, dass die gleiche Pulvermenge, die für die untere wie für die obere Kugel verwendet wird, dazu führen würde, dass die Hülse platzt und die gesamte Wirkung, die sie hervorrufen sollen, zunichte gemacht wird.

Die Zusammensetzung zum Abfüllen finden Sie in der Tabelle, Abschnitt 7.

Die beste Art, diese römischen Kerzen zur Schau zu stellen, besteht darin, sie in Reihen auf einem Ständer zu platzieren, wobei einige ganz senkrecht stehen, andere in unterschiedlichen Winkeln geneigt sind, damit die Kugeln in verschiedene Entfernungen projiziert werden können und einen schöneren Effekt erzielen. Der größte Deklinationswinkel sollte 45 bis 50 Grad nicht überschreiten.

Eine sehr ansprechende Vielfalt an Gerbes kann hergestellt werden, indem die zylindrischen Behälter mit den Zusammensetzungen, die als chinesisches Feuer bezeichnet werden, gefüllt werden (siehe nächster Artikel). Diese werden mit Rot oder Weiß gefüllt und mit unterschiedlichen Anteilen der Zutaten verwendet. Sie können in viele Formen gegossen werden verschiedene Farbnuancen.

10. CHINESISCHES FEUER. – Der Hauptbestandteil, der diese schöne Komposition bildet, wurde bereits in Artikel 6, Abschnitt 2, unter dem Namen Eisensand beschrieben; Was wir an dieser Stelle angeben müssen, ist das Verhältnis, in dem es mit den anderen Zutaten verwendet wird; Die Zusammensetzung wird in zwei besondere Unterscheidungen unterteilt, nämlich rot und weiß, und jede von ihnen wird mit unterschiedlichen Anteilen der Zutaten hergestellt, je nach dem Kaliber der Behälter, die damit gefüllt werden sollen, wobei das Kaliber anhand des Gewichts der Bleikugeln geschätzt wird , die gerade ihren Durchmesser ausfüllt, wie im Artikel Gerbes gelehrt wurde.

Komposition für chinesisches Feuer.

Für rotes chinesisches Feuer.

	Kaliber.	Salzpeter.	Schwefel.	Holzkohle.	Sand 1. Ordnung.
ICH.	12 bis 16 *Pfund.*	1 *Pfund.*	3 *Unzen.*	4 *Unzen.*	7 *Unzen.*
II.	16 bis 22 *Pfund.*	1 *Pfund.*	3 *Unzen.*	5 *Unzen.*	7 *Unzen.* 8 *Dr.*
III.	22 bis 36 *Pfund.*	1 *Pfund.*	4 *Unzen.*	6 *Unzen.*	8 *Unzen.*

Für weißes chinesisches Feuer.

	Kaliber.	Salzpeter.	Gequetschtes Pulver.	Holzkohle.	Sand 3D-Reihenfolge.
ICH.	12 bis 16	1 *Pfund.*	12 *Unzen.*	7 *Unzen.* 8 *Dr.*	11 *Unzen.*

	Pfund.				
II.	16 bis 22 Pfund.	1 Pfund.	11 Unzen.	8 Unzen.	11 Unzen. 8 Dr.
III.	22 bis 36 Pfund.	1 Pfund.	11 Unzen.	8 Unzen. 8 Dr.	12 Unzen.

Nachdem Sie die einzelnen Zutaten sorgfältig abgewogen haben, achten Sie darauf, das Salpeter und die Holzkohle zwei- oder dreimal durch ein Haarsieb zu sieben, damit sie gut vermischt werden können. Der Eisensand wird dann ein wenig mit Branntwein oder Weingeist angefeuchtet, damit der Schwefel haften bleibt, und er muss gut eingearbeitet werden. Der Sand, der jetzt als geschwefelt gilt, muss zu der Mischung aus Salpeter und Holzkohle gegeben und dann gerührt und gewendet werden, bis die Teile vollständig eingearbeitet sind.

ABSCHNITT VI.

Raketen.

Wir kommen nun zu dem Teil unserer Arbeit, der sich mit der schönsten aller pyrotechnischen Produktionen beschäftigt.

Seit der Erfindung dieser Kunst nehmen Raketen stets den ersten Platz unter den einzelnen Feuerwerkskörpern ein; und darauf haben sie zu Recht Anspruch, sowohl wegen des angenehmen Aussehens, das sie erzeugen, wenn sie selbst abgefeuert werden, als auch wegen der umfassenden Verwendung, mit der sie die Schönheit der anderen Ausstellungen steigern.

Sie werden von den Italienern *Rochette* und *Raggi genannt* ; von den Deutschen *Raketen* und *Drachetten* ; von den Franzosen *Fusées*; und von den Lateinern *Rochetæ* ; von dem scheint der Name abgeleitet zu sein, den ihnen die Engländer gegeben haben; So viel zu ihren Namen: Was ihre Erfindung betrifft, so ist es höchstwahrscheinlich, dass sie zu einer sehr frühen Zeit stattfand, wenn nicht sogar zu den ersten Produktionen der Kunst gehörte. Von den antiken Pyrotechnikern galten sie als die schwierigsten Herstellungsgegenstände, und zwar insofern, als es die erste Aufgabe war, die den Schülern des Prometheus [8] oder Professoren der Kunst auferlegt wurde; und die Güte des Artikels lieferte ein Kriterium für ihre Ansprüche.

Es ist fraglich, ob die Antike eine solche Vielfalt dieser Artikel hatte wie wir heute; aber es ist ziemlich sicher, dass sie mit den richtigen Proportionen der für ihre Herstellung erforderlichen Formen gut vertraut waren, so dass wir in vielen ihrer Abhandlungen finden, dass sie zu diesem Zweck die schwierigsten mathematischen Berechnungen verwendeten und komplizierte algebraische Formeln angaben Finden ihrer wahren Proportionen; Aber wir werden versuchen, viele dieser nutzlosen Schwierigkeiten zu umgehen und versuchen, unsere Erklärungen vertrauter zu machen, ohne dabei wissenschaftliche Untersuchungen gänzlich zu opfern.

Raketen bestehen aus starken Papierzylindern, die, wenn sie mit der richtigen Zusammensetzung gefüllt sind, hart gerammt werden und durch Befeuern ihrer Öffnungen in die Luft oder in jede gewünschte Richtung aufsteigen. Sie haben im Allgemeinen einen an ihnen befestigten Kopf, der Maispulver, Funken und viele andere Dekorationen enthält, die, wenn der Körper der Rakete verzehrt wird, Feuer fangen, in der Luft zerplatzen und ein äußerst schönes Aussehen erzeugen. diese werden Himmelsraketen genannt. Andere sind dazu bestimmt, mit großer Geschwindigkeit entlang einer Linie zu fliegen und werden daher Linienraketen oder Courantines genannt. Einige sind am Umfang oder an der Achse eines Rades befestigt und werden als Radraketen bezeichnet. während bei einer anderen Art die Hüllen vollkommen wasserdicht gemacht sind und mit einer stärkeren Zusammensetzung gefüllt sind, können sie in und unter Wasser getaucht werden, ohne ihre Entzündung zu verzögern; diese erhalten die bezeichnende Bezeichnung Wasserraketen.

Himmelsraketen.

1. *Himmelsraketen.* – Himmelsraketen werden hinsichtlich ihrer Größe in drei Arten eingeteilt, nämlich solche, deren Kaliber oder Innendurchmesser den eines Pfundgeschosses nicht überschreitet; oder ihre Öffnung gleicht einer bleiernen Kugel, die genau ein Pfund wiegt; denn die relative Größe von Raketen wird anhand des Durchmessers von Bleikugeln oder -geschossen geschätzt, nach der im Artikel Gerbes gelehrten Weise. Diejenigen, deren Kaliber ein Pfund-Geschoss nicht überschreitet, werden daher als kleine Raketen bezeichnet; Diejenigen, deren Kaliber zwischen einem und drei Pfund liegt, sind von mittlerer Größe; und diejenigen, deren Kaliber die letzten Abmessungen übersteigt, werden als Raketen der größten Größe bezeichnet; oder werden nach ihrem wie oben geschätzten Gewicht benannt.

Wir gehen nun dazu über, die Formen und Geräte zu beschreiben, die zur Herstellung von Raketen erforderlich sind, denn von der richtigen Proportion hängt (wie bereits beobachtet) ein Großteil der Güte des Artikels ab. Diese Formen sind auch erforderlich, damit beliebig viele Raketen gleicher Größe und Stärke hergestellt werden können. Da Raketen in verschiedenen Größen hergestellt werden, ist es offensichtlich, dass Formen mit unterschiedlichen Durchmessern hergestellt werden müssen.

Abb. 1, Tafel 1 , stellt eine Form dar, die entsprechend dem Durchmesser ihres Kalibers hergestellt und proportioniert ist, die in gleiche Teile geteilt und maßstabsgetreu dargestellt ist, anhand derer die relativen Proportionen allein durch Betrachtung der Figur verstanden werden können. Somit ist AB das Kaliber oder der Durchmesser; CD seine gesamte Höhe, einschließlich des vollständigen Fußes, und entspricht acht Durchmessern gemäß der Skala: E ist die Dicke der Form und kann etwa einen halben Durchmesser betragen; Es sollte aus hartem Holz wie Lignum Vitæ oder Buchsbaumholz bestehen und entweder verziert oder schlicht sein. F ist ein Eisenstift, der dazu dient, den Zylinder fest an seinem Fuß zu befestigen. Abb. 2 ist der Fuß, der vom Zylinder gelöst und im wahren Maßstab gemäß dem Maßstab gezeichnet ist; G, H, I, J ist die Basis und kann etwa anderthalb Durchmesser hoch sein; K, der Choak, der dazu dient, den Zylinder mit dem Fuß zu verbinden; L ist die Brustwarze, die einen halben Durchmesser hoch und gleich dick ist wie die erstere, also fünf Achtel Durchmesser; M ist der Durchstecher, dessen Höhe dreieinhalb Durchmesser von der Brustwarze beträgt und an der Unterseite ein Drittel oder ein Viertel Durchmesser beträgt, von da an verjüngt er sich auf ein Sechstel Durchmesser in der Dicke. Dieser Durchstecher sollte aus Eisen sein und fest in den Fuß eingeführt werden; Sein Zweck besteht darin, eine Lücke im Zentrum der Ladung zu bewahren, deren Natur wir im Folgenden erläutern werden. <u>Abb. 3</u> ist ein aus zwei Teilen bestehender Former, der durch einen Eisenstift (mit einem Durchmesser, der dem Boden des Lochers entspricht) verbunden ist, dessen beide Enden abgerundet sind, damit der Druck oder die Kontraktion in der Patrone bewirkt werden kann noch einfacher; Der Durchmesser dieses Formteils muss der gleiche sein wie der des Nippels, oder angenommen, der Durchmesser der Form wird in acht gleiche Teile geteilt (was auf einem Teil der Skala geschieht), dann muss der Durchmesser des Formteils gleich sein auf fünf dieser Teile.

Die Länge dieses Formers oder dieser Rolle ist nicht besonders, vorausgesetzt, sie ist lang genug, um beim Rollen der Kisten einen guten Halt in der Hand zu ermöglichen. Der kurze Teil des ersteren A kann zwei Durchmesser lang sein und sollte in der Mitte oder einen Durchmesser vom Ende entfernt eine Linie B haben, die um ihn herum markiert ist. Der längere Teil kann einen Durchmesser von sieben oder acht haben, was beim Walzen einen guten Halt bietet.

<u>Abb. 4 und 5</u> sind Stampfer oder Treibstifte, die zum Laden der Kisten verwendet werden und der Länge nach durchbohrt werden müssen, damit sie auf den Locher passen.

<u>Abb. 4</u> . Der erste Stampfer sollte über die gesamte Länge des Lochers durchbohrt werden, der zweite Stampfer sollte mit einem Durchmesser von anderthalb Durchmessern durchbohrt werden; Wenn die Hülse geladen und über dem Locher gerammt wird, muss ein kurzer, stabiler Stampfer verwendet werden, und dieser Stampfer sollte etwas kürzer sein als der erstere, um Verletzungen an der Innenseite der Patrone beim Eintreiben der Ladung zu vermeiden. Sie sollten aus hartem Holz bestehen und ihre Enden durch Zwingen aus Messing oder einem anderen Metall gesichert sein, die halten <u>them from splitting</u>oder sich ausdehnen. Ihre Länge ist von geringer Bedeutung, vorausgesetzt, dass sie die relative Tiefe der Patrone nicht wesentlich überschreitet. Denn wie die Handwerker sagen: Je länger der Stampfer, desto geringer wird der Druck auf die Komposition durch den gegebenen Schlag sein <u>by the mallet</u>.

Das Verhältnis zwischen der Länge von Raketen und ihrem Kaliber ist bei Raketen mit größeren oder kleineren Abmessungen als den oben angegebenen nicht das gleiche, sondern sollte nahezu entsprechend ihrer Größe variieren. das heißt, ihre Länge sollte mit zunehmendem Kaliber verringert werden. Die Länge der Form sollte für kleine Raketen das

Sechsfache des Kalibers betragen, aber für Raketen mittlerer und größerer Größe reicht es aus, wenn die Länge der Form das Fünffache oder sogar das Vierfache des Kalibers beträgt.

Die folgende Tabelle ist berechnet, um die Höhe und den Durchmesser der Form entsprechend dem Gewicht der Raketen zu regulieren, wenn sie fest angetrieben werden oder ohne Verwendung eines Lochers. Es ist einer alten Abhandlung über Feuerwerkskörper von Leutnant Robert Jones entnommen; und zur Unterstützung derjenigen eingefügt, die möglicherweise Raketen ohne den Piercer bauen möchten, eine Vorgehensweise, die wir denjenigen, für die unser „Handbuch" konzipiert ist, niemals empfehlen würden. Für diejenigen, die Feuerwerkskörper zum Verkauf herstellen, ist es sicherlich die schnellste Methode, sie fest zu rammen und sie anschließend mit der Maschine zu bohren oder zu durchbohren; Aber für diejenigen, die Raketen für ihre private Freizeitbeschäftigung herstellen, ist es bei weitem am geeignetsten, sie über einen Piercer zu laden, denn bei der anderen Methode ist ein sehr teurer Apparat [9] und zunächst mehr Geschicklichkeit für deren Verwendung erforderlich als das, was der Tyro besitzen wird, und am Ende wird er nie sicher sein, dass er einen guten Artikel gemacht hat.

Abmessungen von Raketen.

TABELLE I.

Abmessungen von Raketen.

Gewicht von Raketen.	Länge der Formen ohne ihre Füße.	Innendurchmesser der Formen.	Höhen der Brustwarzen.
6 *Pfund.*	34,7 *Zoll.*	3,5 *Zoll.*	1,5 *Zoll.*
4 tun.	31,6 tun.	2,9 tun.	1,4 tun.
2 tun.	13.3 tun.	2.1 tun.	1,0 tun.
1 tue.	12.2 tun.	1,7 tun.	0,85 tun.
8 *Unzen.*	10.12 tun.	1.3 tun.	0,6 tun.
4 tun.	7,75 tun.	1.12 tun.	0,5 tun.
2 tun.	6.2 tun.	0,9 tun.	0,45 tun.

1 tue.	4,9 tun.	0,7 tun.	0,33 tun.
½ tun.	3,7 tun.	0,55 tun.	0,25 tun.
6 *Dr.*	3,5 tun.	0,5 tun.	0,22 tun.
4 tun.	2.2 tun.	0,3 tun.	0,2 tun.

Anhand dieser Tabelle finden wir, dass eine 6-Pfund-Rakete, wenn man sie fest rammt, 34 Zoll, sieben Zehntel lang sein muss; sein Außendurchmesser beträgt drei Zoll fünf Zehntel oder dreieinhalb Zoll und die Höhe der Brustwarze eineinhalb Zoll. Der Durchmesser des Nippels muss in diesem und allen anderen Fällen dem des ersteren entsprechen, und in Bezug auf seine Höhe habe ich nie eine bessere Antwort gefunden, als wenn der Hohlraum, den er an der Mündung der Rakete bildete, halbkugelförmig war. oder gleich hoch wie der halbe Durchmesser.

Wir werden nun anhand der folgenden Tabelle zeigen, wie man das Kaliber von Raketen anhand ihres Gewichts ermittelt, das nach den bereits angegebenen Prinzipien berechnet wird. Das heißt, eine Pfund-Rakete ist so beschaffen, dass ihre Öffnung gerade eine Kugel mit einem Gewicht von einem Pfund durchlässt, und so weiter.

Kaliber und Gewicht von Raketen.

TABELLE II.

Vom Kaliber von Raketen mit einem Gewicht von einem Pfund und
darunter.

16 *Unzen.*	19½ *Zeilen.* [10]	14 *Drams.*	7¼ *Zeilen.*
12 tun.	17 tun.	12 tun.	7 tun.
8 tun.	15 tun.	10 tun.	6 ⅓ Tun.
7 tun.	14¾ tun.	8 tun.	6¼ tun.
6 tun.	14¼ tun.	6 tun.	5 ⅔ Tun.
5 tun.	13 tun.	4 tun.	4½ tun.
4 tun.	12 ⅓ Tun.	2 tun.	3¾ tun.
3 tun.	11½ tun.		
2 tun.	9 ⅙ Tun.		

1 tue.	6½ tun.		

Die Verwendung *dieser* Tabelle ist leicht verständlich, denn wenn eine Rakete von 16 Unzen wie im ersten Fall neunzehneinhalb Linien im Durchmesser haben sollte, muss eine von 12 17 Linien und eine von 8 Unzen 15 Linien haben , einer von 8 Dramen mit sechseinhalb Zeilen; und so von den anderen.

Wenn der Durchmesser der Rakete angegeben wird, können wir ebenso leicht durch die umgekehrte Methode das Gewicht der Kugel ermitteln, die diesem Kaliber entspricht. Wenn der Durchmesser beispielsweise 15 Linien beträgt, erkennt man sofort, wenn man in der Linienspalte nach dieser Zahl sucht, dass es sich um eine Kugel von acht Unzen handelt.

Da sich die vorstehende Tabelle nur auf Raketen mit einem Gewicht von 16 Unzen oder einem Pfund und darüber hinaus erstreckt, wird die folgende Tabelle für solche mit größeren Abmessungen gleichermaßen nützlich sein.

Kaliber der Formen.

TABELLE III.

Vom Kaliber der Formen von 1 bis 57 Pfund Ball.

Pfund.	Kaliber.	Pfund.	Kaliber.	Pfund.	Kaliber.
1	100	20	271	39	339
2	126	21	275	40	341
3	144	22	282	41	344
4	158	23	284	42	347
5	171	24	288	43	350
6	181	25	292	44	353
7	191	26	296	45	355
8	200	27	300	46	358
9	208	28	304	47	361
10	215	29	307	48	363
11	222	30	310	49	366
12	228	31	214	50	368

13	235	32	317	51	371
14	241	33	320	52	373
15	247	34	323	53	376
16	252	35	326	54	378
17	257	36	330	55	380
18	262	37	333	56	382
19	267	38	336	57	385

Anhand dieser Tabelle kann unter Angabe des Gewichts der Kugel die Größe der Form auf folgende Weise ermittelt werden: Nehmen wir an, sie wiege 18 Pfund; gegenüber steht in der Kaliberspalte 262; Dann sagen wir nach der Proportionsregel: So wie 100 zu 19,5 ist, verhält sich auch 262 zu einem vierten Term, nämlich. 51,09, das ist die Anzahl der Linien des benötigten Kalibers; Daher beträgt das Kaliber einer Rakete von 18 Pfund fast 52 Linien oder 4 Zoll und 4 Linien. Das Kaliber kann auch ermittelt werden, indem man die Zahl, die den Pfund entspricht, mit 19½ multipliziert und die beiden letzten Ziffern aus dem Produkt abschneidet; Angenommen, die Zahl sei 252, multipliziert mit 19½, ergibt das Produkt 4914, getrennt durch den Dezimalpunkt, 49,14 oder vier Zoll pro Zeile und ein Achtel.

Nehmen wir nun an, dass das Kaliber in Zeilen angegeben wird, dann lässt sich das Gewicht des Balls ebenso leicht ermitteln, z. B. wenn das Kaliber 36 Zeilen beträgt, dann als 19½ : 100 :: 36 : 184; die nächstliegende Zahl in der Tabelle ist 181, was zeigt, dass das Gewicht des Balls etwas mehr als sechs Pfund betragen wird; Daher ist eine Rakete, deren Kaliber 36 Linien beträgt, eine 6-Pfund-Kugel.

A n m e r k u n g e n   z u   d e n   v o r s t e h e n d e n   T a b e l l e n .

BEMERKUNGEN ZU DEN VORSTEHENDEN TABELLEN.

TABELLE I gibt die Abmessungen der Raketenformen an, wenn die Raketen fest gerammt sind; es wurde, wie der Autor uns mitteilt, aus wiederholten Experimenten berechnet; Wir fügen es zur Information unserer Leser ein, raten jedoch niemandem, die Methode des Festrammens zu praktizieren.

TABLE II.-Diese Tabelle lässt sich anhand der Erläuterungen zu ihrer Verwendung und unter Berücksichtigung der Tatsache, dass ein Bleigeschoss von einem Pfund Gewicht nur 19½ Linien im Durchmesser hat, perfekt verstehen, wie durch Experimente nachgewiesen werden kann; Die unteren Zahlen sind ebenfalls die Durchmesser des unteren Gewichts.

TABLE III.-Diese Tabelle ist nur eine Erweiterung der letzteren, obwohl ihre Anordnung etwas anders ist; Denn wenn 19½, der Durchmesser einer ein Pfund schweren Kugel, als Einheit mit einer beliebigen Anzahl von Ziffern angenommen wird, entspricht dies der Anzahl der Teile, in die derselbe Durchmesser geteilt wird (was mit Hilfe der Diagonalskala erfolgen kann). Diese Zahl sei 100, was einer Eins in der Pfund-Spalte entspricht: − das heißt, wenn Sie 100 für die erste Zahl annehmen und diese in die dritte Potenz erhöht wird, [11] wird Ihr erster Würfel 1.000.000 sein, Die Kubikwurzel davon (100) muss als erste Wurzel in Ihre Tabelle eingetragen werden und in der Pfund-Spalte auf Eins antworten. Für die zweite Zahl, die zwei Pfund beträgt, müssen wir dann die Kubikwurzel aus dem Doppelten ziehen Zahl, nämlich. 2.000.000, was fast 126 sein wird (oder in weiterer Folge 1.259.921), und dies wird die zweite Zahl in Ihrer Tabelle sein; und auf die gleiche Weise wird die dritte Zahl gefunden, das heißt, indem man den ersten Würfel verdreifacht und wie zuvor die Wurzel zieht, die 144 sein wird, und so weiter von der fünften, sechsten usw. bis zum Ende der Tabelle. Diese Tabellen sind bei der Herstellung von Raketen unentbehrlich, um eine Einheitlichkeit bei Raketen der gleichen Art zu wahren und ihre Wirkungen sicherer zu machen, wie durch wiederholte Experimente bestätigt wurde.

Vorbereiten der Patronen.

Vorbereiten der Patronen. − Zu diesem Zweck ist großes, steifes Papier einer bestimmten Art zu verwenden; nämlich das, was hauptsächlich für diesen Zweck verwendet wird und unter dem Namen *Patronenpapier bekannt ist* . Für Koffer ab der kleinsten Größe, bis zu fünf oder sechs Pfund, ist dies das beste Material, das wir verwenden können; Es muss um den Formkörper (dessen Proportion zur Form wir bereits angegeben haben) gewickelt werden, bis er fest in den Zylinder passt, und die letzte Falte muss mit gewöhnlichem Kleister gesichert werden. Wenn während des Walzens etwas dünne Paste verwendet wird, werden die Fälle deutlich verbessert.

Für Raketen größerer Größe müssen die Hüllen aus einem stärkeren Material, wie z. B. Pappe, der dünnen und minderwertigen Art, bestehen, deren Falten mit etwas starkem Kleister oder Kleber gut gesichert werden müssen. Bei der Herstellung der Hüllen sollte für jede Größe ein Muster der Außenfalte mit abgeschrägtem Ende beibehalten und darauf die Anzahl der Blätter oder Falten angegeben werden, die zur Herstellung dieser Patronengröße erforderlich sind. Diese Methode trägt dazu bei, eine Regelmäßigkeit bei der Erstellung und Gestaltung der Fälle sicherzustellen.

erste Blatt reicht . Ersterer ist dann auf diese Doppelkante zu legen und der über den Tisch hinausragende Griff mit dem *Papier* innerhalb von zwei bis drei Windungen zu umwickeln; wenn ein zweites Blatt auf den losen Teil des ersten gelegt werden soll und dann das Ganze fest und gleichmäßig auf dem ersteren aufgerollt werden soll; Diese beiden Blätter müssen eine ausreichende Länge für die Größe des Koffers haben. Wenn dies nicht der Fall ist, muss ein drittes auf die gleiche Weise wie das zweite hinzugefügt werden.

Um die Kisten fest und gleichmäßig zu rollen, werden sie zwei- oder dreimal unter dem *Rollbrett hindurchgeführt* (das ein glattes Stück Holz ist, etwa 18 Zoll lang und in der Breite gleich der Länge der Rakete, mit einem Griff an der Oberseite, wenn Sie fertig sind, etwas Ähnliches wie ein Gipserbrett;) Achten Sie darauf, sie auf die gleiche Weise zu rollen, wie wenn Sie sie auf ersterem rollen.

Die Patrone wird auf die richtige Größe gebracht und die letzte Falte wird mit Paste usw. gesichert. es soll nun die Kontraktion oder, wie es allgemein genannt wird, den Choak empfangen; Dies wird durch die einfache Vorrichtung bewirkt, die in Abb. 7 dargestellt ist . Verbinden Sie nun das erstere und das kleine Endstück mit ihrem Verbindungsdraht und schieben Sie das kurze Stück bis zur Linie B in das Gehäuse hinein, die zu diesem Zweck um das Gehäuse herum markiert ist. Führen Sie dann die Kordel einmal um den Koffer herum, genau über die Verbindungsstelle der Spanten, und drücken Sie zunächst sanft mit dem Fuß auf das Trittbrett. Rollen Sie den Koffer dann weiter auf der Linie, wodurch der Choak frei von Falten und anderem wird Ungleichheiten.

Kisten mit kleinen Abmessungen können auf die oben beschriebene Weise leicht zusammengezogen werden, aber wenn sie größer sind, werden sie der Würgeschnur mehr Widerstand entgegensetzen, als sie überwinden kann; Diese Schwierigkeit kann jedoch dadurch umgangen werden, dass man das Ende der Hülle mit Wasser befeuchtet und es bis zum Umschlag des letzten Blattes einschnürt; Dieser kann dann angelegt und erneut gewürgt werden, und die Kontraktion kann mit einer Schnur oder einem starken gewachsten Faden gut gesichert werden, der mehrere Male um die Patrone geführt und anschließend durch zwei oder drei übereinander angebrachte Laufknoten gesichert werden muss.

Die Hülse (die immer noch auf dem Formteil verbleibt) wird nun ohne Fuß in die zylindrische Form eingeführt und auf einen festen Block gesetzt, wobei das Formteil fest auf sein Endstück gedrückt wird, um die Kontraktion gleichmäßig und dicht zu machen ; Danach wird die Hülse auf die richtige Länge zugeschnitten, so dass sie ein wenig über die Form hinausragt und vom Choak bis zum Rand der Mündung einen halben Durchmesser frei lässt: Das Zuschneiden der Hülse auf die richtige Länge gelingt am besten Beim ersteren hingegen muss der erstere herausgezogen werden, und die Hülse muss wieder in die Form gelegt werden, wobei der Fuß und der Durchstecher ordnungsgemäß daran befestigt sind und mit dem langen, perforierten Stampfer auf den Durchstecher getrieben werden muss. um die Kontraktion auf die richtige Größe zu bringen.

Füllen und Rammen der Kisten.

Füllen und Rammen der Kisten. – In diesem Teil der Operation müssen wir genauso vorsichtig sein wie in allen vergangenen Zeiten; Denn wenn irgendeine Ungleichheit in der Dichte der Zusammensetzung besteht, die durch Unaufmerksamkeit beim Rammen entsteht, werden die Raketen weder mit einer gleichmäßigen Bewegung aufsteigen noch auf ihre richtige Höhe aufsteigen; aber im Gegenteil, sie werden eine sehr unregelmäßige Bewegung beobachten und von jedem renitenten Teilchen, dem sie auf ihrem Weg begegnen, abgelenkt werden.

Anweisungen zum Befüllen und Stampfen.

Um diese Enttäuschung zu vermeiden und den Aufstieg der Raketen sicherer zu machen, müssen die folgenden Anweisungen beachtet werden:

1. Ihre Zusammensetzung darf nicht zu trocken sein, da sie sich sonst beim Fahren zerstreuen und in einer Art feinem Mehl oder Staub herumfliegen kann. Wenn Sie es jedoch ein wenig mit etwas der im ersten Teil unseres HANDBUCHS ERWÄHNTEN FLÜSSIGKEIT ANFEUCHTEN, UM SEINE STAUBIGE NATUR ZU ZERSTÖREN , wird es dazu führen, dass es sich sammelt und im Fall der Rakete fester komprimiert wird.

2. Bei jedem Rammen sollte nicht mehr Masse in die Hülse gegeben werden, als sie um die Hälfte ihres Innendurchmessers ansteigen lässt; und das Füllen muss so schrittweise fortgesetzt werden, bis die Ladung genau einen Durchmesser über den Durchstoßer steigt.

3. Von Pyrotechnik-Autoren ist viel über die Anzahl der Schläge gesagt worden, die dem Stampfer und jeder mit Masse gefüllten Kelle (ein Stück Kupfer in Form einer Schaufel) zu versetzen sind, am besten ist, wenn die richtige Menge vorhanden ist für eine Schöpfkelle;) Einige haben den Rockets von vier Unzen sechzehn Schläge mit dem Hammer zugeteilt, denen von einem Pfund achtundzwanzig Schläge und so die Anzahl der Schläge um sechs auf jedes Pfund erhöht; aber unserer Meinung nach sind diese Regeln eher lächerlich als nützlich; denn derselbe Hammer könnte, wenn er einen anderen Schwung besitzt, eine Wirkung hervorrufen, die zu einem Zeitpunkt *doppelt so hoch* , *dreifach* oder vielleicht *schwächer ist* als zu einem anderen Zeitpunkt. Es ist daher unmöglich, eine bestimmte Anzahl von Schlägen zuzuordnen, die bei jedem Rammen gegeben werden müssen; Die einzige sichere Regel besteht darin, dass die Zusammensetzung so lange getrieben werden sollte, bis sie ganz fest und kompakt wird und dass ihre Dichte (so

nahe wie möglich) über die gesamte Ladung hinweg dieselbe ist. Wenn die Regeln für die Anzahl der Schläge in irgendeiner Weise dazu beitragen, der Ladung diese Eigenschaft zu verleihen, haben wir nicht den geringsten Wunsch, sie abzuwerten.

4. Beim Rammen ist es am besten, den Stampfer ständig im Gehäuse drehen zu lassen, und bei der Verwendung des perforierten Stampfers muss darauf geachtet werden, dass die Masse bei jedem Rammen aus der Mulde herausgeschlagen wird, da sie sonst vom Locher zersplittert werden kann .

5. Drehen Sie die Patrone am Ende jedes Stampfens um, damit die losen Partikel der Zusammensetzung, die nicht komprimiert sind, entweichen können, denn wenn sie darin verbleiben würden, würden sie sich als schädlich für den Artikel erweisen.

6. Raketen sollten immer auf einen festen Block oder einen fest in der Erde verankerten Pfosten gerammt werden; Ihr Rammen kann auf keinem Tisch richtig durchgeführt werden.

7. Raketen müssen mit Schlägeln in einem angemessenen Verhältnis zu ihrer Größe gerammt werden; Das heißt, wenn eine Rakete von einem Pfund mit einem Hammer von zwei Pfund richtig gerammt werden kann, sollte eine Rakete von zwei Pfund mit einem Hammer von vier Pfund oder fast in diesem Verhältnis gerammt werden. Raketen über acht Pfund können nicht gut von Hand gerammt werden; aber wenn sie in einer solchen Größe benötigt werden, müssen sie mit einer Maschine gerammt werden, die derjenigen ähnelt, die zum Eintreiben von Pfählen in die Erde verwendet wird; Raketen mit großen Abmessungen, deren Gehäuse aus einem starken Material bestehen und richtig vorbereitet sind, können bequem gerammt werden, ohne in einen Zylinder gelegt zu werden, was von Vorteil ist, da nicht so viele Formen erforderlich sind. Aber für diese Rammmethode müssen wir mit einigen Nippeln *aus Messing* oder *Eisen ausgestattet sein* , deren Größe der Rakete entspricht und die in einen Teil des Antriebsblocks eingeschraubt werden sollten; und um die Hülse beim Rammen fester zu machen, muss ein Pfahl oder ein aufrechtes Stück am Block befestigt werden, das auf der Höhe der Hülse und in einem angemessenen Abstand vom Nippel steht. Die Seite dieses Pfahls neben dem Gehäuse muss ausgeriffelt sein, damit das Gehäuse genau hineinpasst. Auf der gegenüberliegenden Seite des Gehäuses muss ein loses, in ähnlicher Weise geriffeltes Stück angebracht werden. Binden Sie dann die Schachtel und die beiden Halbformen (die diese beiden Teile fast bilden) mit einer Kordel zusammen, und schon ist die Schachtel zum Befüllen bereit. Wenn die Patronen bis zur richtigen Höhe gefüllt sind, d. h. einen Durchmesser über dem Locher, wenn die Rakete ohne Möbel sein soll, trennen Sie sie mit einem Draht irgendeiner Art, trennen Sie die Hälfte der Falten des oben verbleibenden Papiers und drehen

Sie sie wieder auf die Seite Drücken Sie die Masse mit der Stange und dem Hammer fest, damit sie glatt und gleichmäßig wird. Dann stechen Sie mit einem Locher drei oder vier Löcher in das gefaltete Papier, die bis zur Zusammensetzung der Rakete vordringen müssen. Diese Löcher dienen dazu, eine Verbindung zwischen dem Körper der Rakete und dem Hohlraum am Ende des Wagens, wie es genannt wird, oder dem Teil, der leer gelassen wurde, herzustellen. Bei kleinen Raketen wird dieser Hohlraum mit körnigem Pulver gefüllt (das dazu dient, sie abzulassen, wenn ihre Ladung verbraucht ist); dann werden sie mit Papier bedeckt und entweder mit Hilfe des Würgeapparats ganz fest zusammengedrückt oder mit einem kleinen Kegel gekrönt Kappe, wodurch es in eine größere Höhe aufsteigt. Wenn nur ein Loch in der Mitte des gefalteten Papiers gemacht wird, erfüllt es den Zweck von drei oder vier, wobei darauf zu achten ist, dass es so gerade wie möglich ist und etwa ein Viertel des Durchmessers des Gehäusekalibers hat; In dieses Loch sollte ein wenig von der Zusammensetzung der Rakete gegeben werden, damit das Feuer nicht ausbleibt: – Eine auf diese Weise fertiggestellte Rakete ist in <u>Abb. dargestellt. 23</u>. In Raketen größerer Dimensionen werden anstelle von granuliertem Pulver die Särge oder Töpfe verwendet, die die Sterne, Schlangen, Petarden usw. enthalten. sind an die Oberseite des Gehäuses angepasst: Die Petarde ist eine kleine runde Dose aus Weißblech, die auf den Durchmesser des Gehäuses abgestimmt und mit feinem Schießpulver gefüllt ist. es wird nach dem Stampfen auf die Zusammensetzung gelegt und das verbleibende Papier darüber gefaltet, um es sicher zu halten; Die Petarde entfaltet ihre Wirkung, wenn die Rakete in der Luft ist und die Zusammensetzung verbraucht ist. Die anderen Möbel werden an der Rakete befestigt, indem an ihrem Kopf ein leerer Topf oder eine Kartusche angebracht wird, die größer als sie selbst ist, damit sie die verschiedenen Anhängsel enthalten kann, die sie den anderen in Schönheit und Pracht so überlegen machen sollen seiner Ausstrahlung.

Vorbereiten und Befestigen der Töpfe am Kopf der Rockets.

Vorbereiten und Befestigen der Töpfe am Kopf der Rockets. – Raketen, an denen Möbel angebracht sind, werden etwas anders gerammt als solche ohne Anhängsel, aber der Unterschied besteht nur in dieser Besonderheit; Wenn es einen Durchmesser über dem Locher gerammt wird, rammt man, anstatt die inneren Falten des Papiers auf die Masse zu legen, einen Drittel Durchmesser reinen, trockenen Tons auf die Masse und bohrt durch die Mitte ein Loch (ungefähr ein Viertel Durchmesser).) und etwas von der Zusammensetzung hineingeben, damit die Ladung mit dem Pulver in Verbindung treten kann usw. im Kopf.

Der Kopf einer Rakete muss etwa zwei Durchmesser hoch und ein Sechstel breit sein. Das Gehäuse muss auf eine Form gerollt werden, die an dem dem Griff gegenüberliegenden Ende eine quadratische Vertiefung aufweist, die der Dicke und Breite des Kragens entspricht, wie in <u>Abb. dargestellt. 9. Abb. 10</u> ist der Kragen, gedrechselt aus Linde, Pappel oder einem anderen hellen Holz; sein Außendurchmesser muss dem Innendurchmesser des Gehäuses entsprechen oder gleich dem ersteren sein, und sein Innendurchmesser darf nicht ganz so groß sein wie der Innendurchmesser des Raketengehäuses; Die Dicke sollte einem Sechstel des Durchmessers entsprechen, und am Rand sollte eine Nut angebracht sein, damit das Gehäuse für den Kopf fest daran befestigt werden kann. Um das Gehäuse zu formen , müssen drei oder vier Runden Papier oder Pappe mit aufgesetztem Kragen um das Gehäuse gerollt und mit Kleister gut befestigt werden. Das Ende über dem Halsband wird mit der Schnur und dem Würgeapparat in die Rille an der Kante eingeklemmt und anschließend mit einer fest darum gebundenen Schnur befestigt. Der Zweck des Kragens besteht darin, den Kopf in seiner richtigen Form zu halten, einen Boden für die Füllung zu schaffen und ihn fester und besser mit dem Gehäuse zu verbinden. Wenn der Kopf auf diese Weise hergestellt und ordnungsgemäß an seinem Kragen befestigt ist, muss er (mittels gewöhnlichem Kleber) am oberen Ende der Rakete befestigt werden. Dabei handelt es sich um den Grund und die Verwendung des Innendurchmessers des Kragens weniger als das Äußere der Patrone wird deutlich sichtbar sein; Es wird offensichtlich sein, dass die Patrone der Rakete ohne einige Änderungen zu groß für ersteres sein wird. Diese Änderung muss auf folgende Weise vorgenommen werden: Markieren Sie rund um den Durchmesser der Rakete den richtigen Abstand von der Oberseite, oder so Der Kragen liegt etwa so dick wie möglich über dem Anschlag der Patrone und entfernt etwa drei Runden Papier, wodurch eine Schulter an der Hülse verbleibt, auf der der Kragen aufliegen kann, und durch Kleben von Papier um die Verbindungsstellen darunter ganz sicher gemacht werden .

Bei der oben beschriebenen Art und Weise, den Topf zu füllen, müssen wir den Tyro fast sich selbst überlassen, es hängt hauptsächlich von seinem Geschmack und seinen Wünschen ab, da er ihn entweder mit Schlangen, Crackern, Saucissons, Kastanienbraunen, Sternen, Funken, Feuerschauern füllen kann, oder irgendetwas, an das seine Kapazität angepasst ist; Am besten ist es jedoch, mehrere der verschiedenen Artikel in einer Überschrift zusammenzufassen, um die Schönheit der Ausstellung zu steigern.

Bei der Befüllung des Kopfes sind folgende Hinweise zu beachten:

Das Papier über der Ladung der Rakete muss durchstochen und etwas von der gleichen Zusammensetzung in die Löcher geschüttelt werden; Ordnen Sie dann im Kopf die verschiedenen Artikel an, mit denen die Rakete beladen werden soll. Achten Sie jedoch besonders darauf, dass die eingefüllte Menge nicht schwerer ist als der Körper der Rakete. Wenn der Kopf geladen ist, sollten ein paar Papierkügelchen um die verschiedenen Artikel gelegt werden, damit sie richtig an ihrem Platz bleiben. Stellen Sie auf den oberen Teil jedes Kopfes eine Schöpfkelle voll Mehlpulver (gemeint ist die Schöpfkelle, die Sie zum Füllen der Kisten verwenden), was ausreicht, um den Kopf zu sprengen und die Sterne oder was auch immer darin enthalten ist, zu zerstreuen.

Wenn Sie den Kopf mit Hüllen jeglicher Art beladen, stellen Sie sicher, dass die Münder nach unten gerichtet sind und kein Berührungspapier vorhanden ist. Der Kopf kann mit den Gegenständen, mit denen er beladen ist, fast ausgefüllt sein. Anschließend wird ein Stück normales Papier darauf geklebt. und darüber muss ein Kegel aus dem gleichen Material platziert werden, der auf dem konischen Former hergestellt wird, Abb. 8 . Um die Kappen herzustellen, beschreiben Sie (mit einem Zirkel, der auf die Länge des ersteren geöffnet ist) einen Kreis, der, wenn er in zwei gleiche Teile geteilt wird, zwei Kappen ergibt; darüber muss eine weitere ähnliche Kappe geklebt werden, jedoch mit größeren Abmessungen, so dass sie unter den Boden der inneren Kappe reicht; Wenn man es einfach ein wenig abschneidet und auf den Kopf aufbringt, kann man es festkleben, was eine ausreichende Befestigung darstellt.

Tabelle für Länge und Anteil der Stäbe.

Der letzte Schritt bei der Herstellung einer Rakete besteht darin, sie an ihrer Stange zu befestigen, die wir nun beschreiben werden, wobei dabei genauso viel Fingerspitzengefühl erforderlich ist wie bei allen früheren Vorgängen.

Der Stab sollte aus einem sauberen, vollkommen geraden Stück Tannenholz gefertigt sein und seine Abmessungen sollten durch die Größe der Rakete so bestimmt werden, dass er, wenn er an der Kante eines Messers oder Drahtes aufgehängt wird, etwa einen Zoll vom Choak entfernt ist Stab und Rakete müssen im Gleichgewicht sein. Die folgende Tabelle wurde für die Längen und Proportionen der Rute berechnet und kann herangezogen werden:

Gewicht der Raketen.		[12] Länge der Stangen.		Dicke und Breite oben.			Unten quadratisch.	
Pfund.	oz.	Füße.	Zoll.	Zoll.			Zoll.	
6	0	14	2	1½	von	1⅞	0	¾
5	0	13	8	1¼	—	1¾	0	⅜
4	0	12	9	1¼	—	1½	0	⅝

3	0	10	8	$1\,\frac{1}{7}$	—	$1\frac{1}{8}$	0	$\frac{1}{2}$
2	0	9	3	$1\frac{1}{8}$	—	1	0	$\frac{1}{2}$
1	0	7	10	$\frac{3}{4}$	—	$\frac{7}{8}$	0	$\frac{3}{8}$
0	8	6	6	$\frac{1}{2}$	—	$\frac{3}{4}$	0	$\frac{1}{4}$
0	4	5	2	$\frac{3}{8}$	—	$\frac{5}{8}$	0	$\frac{1}{4}$
0	2	4	1	$\frac{3}{10}$	—	$\frac{1}{2}$	0	$\frac{3}{16}$
0	1	3	5	$\frac{1}{4}$	—	$\frac{3}{8}$	0	$\frac{3}{16}$
0	$\frac{1}{2}$	2	3	$\frac{3}{16}$	—	$\frac{1}{4}$	0	$\frac{1}{8}$
0	$\frac{1}{4}$	1	10	$\frac{1}{8}$	—	$\frac{3}{16}$	0	$\frac{1}{8}$

Aus der obigen Tabelle geht hervor, dass eine Rakete von sechs Pfund eine 14 Fuß 2 Zoll lange Stange erfordert, die, wenn sie ordnungsgemäß auf die anderen Abmessungen gehobelt ist, auf der Seite neben der Rakete ausgehöhlt werden muss; und auf der gegenüberliegenden Seite müssen zwei Kerben gemacht werden, eine etwa einen Zoll vom Ende entfernt (die Stange reicht bis zur Unterseite des Kopfes) und die andere gegenüber dem Hals der Rakete, um die Sehne aufzunehmen mit dem es festgebunden wird, und damit es fester an der Stange befestigt werden kann. Obwohl die vorstehende Tabelle sorgfältig und aus Experimenten berechnet wurde, wird es doch nicht gut sein, sich ausschließlich darauf zu verlassen, sondern vielmehr ein Gleichgewicht zwischen der Rute und der Rakete herzustellen (mittels einer leichteren oder schwereren Rute). wie zuvor ausgesetzt. Es ist von Konsequenz, dass darauf geachtet wird; Denn ohne ein richtiges Gleichgewicht steigt die Rakete in eine schräge Richtung und fällt zu Boden, lange bevor ihre Zusammensetzung verbraucht ist.

Zum Abfeuern dieser Raketen müssen zwei feste Ringe fest in einen aufrechten Pfosten geschraubt werden, und zwar genau einander gegenüber, der obere nahe der Spitze des Pfostens und der andere etwa zwei Drittel der Länge der Stange nach unten; Die Rute muss an ihnen herabgeführt werden, wobei das Maul leicht auf der oberen Rute aufliegen muss und die Rakete ganz frei vom Pfosten sein muss. Wenn ein so befestigtes und angezündetes Backbordfeuer an seine Mündung angelegt wird, wird es (wenn es richtig gemacht ist) sofort mit erstaunlicher Geschwindigkeit aufsteigen, und nachdem es seine größte Höhe erreicht hat, wird es dort explodieren und seine leuchtenden Schönheiten in die Atmosphäre entladen. In Abb. ist eine Rakete mit komplettem Kopf und Stab dargestellt _. 22_.

Zusammensetzungstabellen für Raketen.

DIE ZUSAMMENSETZUNG FÜR RAKETEN.

Da wir den Artikel „Raketen" in diesem Abschnitt vervollständigen möchten, geben wir hier die richtige Zusammensetzung für ihre Füllung an, die im Verhältnis ihrer Zutaten je nach Größe der Rakete variieren muss; diese Variation in der Stärke der Zusammensetzung ist unbedingt notwendig; denn das, was für kleine Raketen geeignet ist, wäre für große viel zu stark, daher sollte seine Stärke nahezu zunehmen, wenn die Abmessungen der Raketen abnehmen.

1. Für eine und zwei Unzen Rockets sollten die Zutaten für eine richtige Zusammensetzung sein:

Ein Pfund Schießpulver, zwei Unzen weiche Holzkohle und eineinhalb Unzen Salpeter.

2. Zwei bis drei Unzen Raketen: –

Zu vier Unzen Schießpulver fügen Sie eine Unze Holzkohle hinzu, oder zu neun Unzen Pulver fügen Sie zwei Unzen Salpeter hinzu.

3. Vier-Unzen-Raketen: –

Fügen Sie zu einem Pfund Schießpulver vier Unzen Salpeter und eine Unze Holzkohle hinzu. Die Zusammensetzung wird viel stärker sein, wenn in diesem Verhältnis: Zu zehn Unzen Pulver dreieinhalb Unzen Salpeter und drei Unzen Holzkohle hinzugefügt werden.

4. Fünf- oder sechs-Unzen-Raketen: –

Schießpulver zwei Pfund fünf Unzen, Salpeter ein halbes Pfund, Schwefel zwei Unzen, Holzkohle sechs Unzen und Eisenspäne zwei Unzen.

5. Sieben- oder Acht-Unzen-Raketen: –

Schießpulver siebzehn Unzen, Salpeter vier Unzen, Schwefel drei Unzen.

6. Acht bis zehn Unzen Raketen: –

Schießpulver zwei Pfund fünf Unzen, Salpeter acht Unzen, Schwefel zwei Unzen, Holzkohle sieben Unzen, Eisenspäne drei Unzen.

7. Zehn- oder Zwölf-Unzen-Raketen: –

Schießpulver ein Pfund eine Unze, Salzpeter vier Unzen, Schwefel dreieinhalb Unzen, Holzkohle eine Unze.

- 62 -

8. Zwölf bis vierzehn Unzen Raketen: –

Schießpulver zwei Pfund vier Unzen, Salpeter neun Unzen, Schwefel drei Unzen, Holzkohle fünf Unzen, Eisenspäne drei Unzen.

9. Ein-Pfund-Raketen: –

Schießpulver ein Pfund, Holzkohle drei Unzen, Schwefel eine Unze.

10. Zwei-Pfund-Raketen: –

Schießpulver ein Pfund vier Unzen, Salpeter zwei Unzen, Holzkohle drei Unzen, Schwefel eine Unze, Eisenspäne zwei Unzen.

11. Drei-Pfund-Raketen: –

Schießpulver vier Unzen, Salpeter ein Pfund, Schwefel achteinhalb Unzen, Holzkohle zwei Unzen.

12. Vier-Pfund-Raketen: –

Schießpulver ein halbes Pfund, Salpeter fünfzehn Pfund, Schwefel zwei Pfund, Holzkohle sechs Pfund.

Für Raketen der größten Größe: –

Zu acht Pfund Salpeter werden zwanzig Unzen Schwefel und vierundvierzig Unzen Holzkohle hinzugefügt.

Die verschiedenen Zutaten sollten jeweils einzeln gemahlen und gesiebt und anschließend abgewogen und gemischt werden, um sie zum Laden der Patronen vorzubereiten

Wir gehen nun dazu über, einige der verschiedenen Modifikationen zu beschreiben, denen Raketen bei ihren Auftritten ausgesetzt sind; in dem wir uns bemühen werden, die hervorstechendsten Merkmale zu verschmelzen: Würden wir versuchen, das Ganze zu geben, würde dies den Zweck unserer Arbeit zunichte machen; Tatsächlich ist es unmöglich, dem Feld der Mannigfaltigkeit, das sich hier eröffnet, Grenzen zu setzen; Wir werden daher einige der Besonderheiten beschreiben und den Rest dem Tyro überlassen, indem wir ihm versichern, dass dies eine angenehme Quelle der Unterhaltung sein und einen hervorragenden Stoff für die Ausübung seines Einfallsreichtums liefern wird.

Eine Rakete spiralförmig aufsteigen lassen.

1. Eine Rakete spiralförmig aufsteigen zu lassen.

Der Stab einer Rakete wurde mit dem Ruder eines Schiffes oder dem Schwanz eines Vogels verglichen; Der Zweck besteht darin, das Schiff oder den Vogel dazu zu bringen, sich der Seite zuzuwenden, zu der es geneigt ist.

Wie die Erfahrung zeigt, führt ein gerader Stab dazu, dass eine Rakete in einer geraden Linie aufsteigt, da der Schwerpunkt in der Mittellinie des Stabs liegt oder parallel zu dieser verläuft. Wenn wir jedoch einen krummen Stab anwenden oder einen Teil eines Kreises bilden, wird dies nicht der Fall sein, denn der erste Effekt wird darin bestehen, dass sich die Rakete zu der Seite neigt, zu der sie gebogen ist; Aber wenn der Schwerpunkt sie anschließend in eine vertikale Position bringt, wird die Rakete spiralförmig aufsteigen.

Auf diese Weise ausgestellte Raketen verdrängen offensichtlich ein größeres Luftvolumen und können daher nicht so hoch aufsteigen wie solche, die in eine gerade Richtung geschossen werden. aber dennoch wird ihr eigentümlicher Flug einen sehr angenehmen Effekt hervorrufen.

Hoch aufragende Raketen.

2. Hochaufragende Raketen.

So genannt, weil sie zu einer größeren Höhe aufgestiegen sind als alle anderen; Dies wird dadurch erreicht, dass eine Rakete auf einer anderen mit größeren Abmessungen befestigt wird: Nehmen wir also an, die untere sei eine 12-Unzen-Rakete, dann sollte die obere eine 3-Unzen-Rakete sein; der größere muss einen kleinen Kopf haben, der rund um seinen eigenen Durchmesser geformt ist, und dann den Mund des kleineren hineinstecken; Der Mund sollte mit Mehlpulver eingerieben werden, das mit Weingeist befeuchtet ist; Die Bohrung in der Ladung sollte nicht gefüllt sein, sondern es muss ein Stück Schnellzündholz hineingesteckt werden, dessen anderes Ende in die Perforationen an der Oberseite der größeren Rakete eindringen sollte, wodurch eine Verbindung zwischen ihnen hergestellt wird. Die große Rakete darf nur einen halben Durchmesser über dem Piercer gefüllt sein; Wenn es höher gefüllt ist, beginnt es abzusinken, bevor das Obermaterial Feuer gefangen hat, und erzeugt keinen zusätzlichen Effekt.

Die Kraft, mit der die kleine Rakete losgeht, wird ausreichen, um sie von der anderen zu lösen, ohne dass dafür Pulver verwendet werden muss; Eine Runde Papier, die um die Verbindungsstelle der beiden Raketen geklebt wird, reicht aus, um sie miteinander zu verbinden.

Hinsichtlich der Stäbe für Towering Rockets gelten die gleichen Grundsätze wie für die anderen.

Ehrenraketen.

3. EHRENRAKETEN.

Nehmen Sie etwa ein Pfund Rakete unserer ersten Beschreibung, wie sie in Abb. dargestellt ist. 23 ; Dann befestigen Sie an der Hülse nahe der Spitze des Stabes in Querrichtung eine Zwei-Unzen-Hülle, die mit einer starken Ladung gefüllt und an beiden Enden ganz dicht eingeklemmt sein sollte.

Dann bohren Sie an jedem Ende und an den Rückseiten ein Loch mittlerer Größe und tragen von jedem ein Vorfach in die Spitze der großen Rakete. Wenn die Rakete ihre größte Höhe erreicht, sendet sie Feuer an das Kreuz oben; Durch die Löcher, die in Querrichtung gemacht werden, dreht es sich sehr schnell um und stellt bei seiner Rückkehr zum Boden eine Spirale absteigenden Feuers dar. Es gibt mehrere andere Methoden zum Anpassen des kleinen Gehäuses. Die eine besteht darin, die Stange etwa einen Zoll oder etwas mehr über die Spitze der Rakete hinausragen zu lassen und die Hülse daran zu befestigen, so dass sie auf der Rakete ruht. Wenn die Raketen auf diese Weise eingestellt werden, sollten sie ohne konische Kappe sein.

Caduceus-Raketen.

4. CADUCEUS [13] RAKETEN.

Wenn zwei Raketen schräg auf den gegenüberliegenden Seiten einer Stange befestigt werden, bilden sie bei ihrem Flug zwei Spirallinien; Sie müssen sich auf der gegenüberliegenden Seite der Stange genau ausbalancieren, sonst steigen sie nicht in vertikaler Richtung. Beide Enden der Raketen müssen eng aneinander gedrängt werden, ohne dass der Kopf nach oben springt oder sie abprallen, da ein an ihnen befestigtes Gewicht ihren Aufstieg behindern würde. Die für diese Raketen geeignete Stange sollte quadratisch sein und an der Spitze der Breite einer Stange für eine gewöhnliche einzelne Rakete entsprechen, das gleiche Gewicht haben wie die, die Sie verwenden möchten, und lang genug, um im Gleichgewicht zu sein, wenn sie eine Länge von einer Länge von 1,5 m aufgehängt ist die Rakete vom Querstück A, Abb. 24, dessen Länge etwa sieben Durchmessern der Rakete entsprechen sollte und die etwa sechs Durchmesser von der Spitze des großen Stabs entfernt platziert sein sollte; so dass sie im fixierten Zustand mit den Senkrechten einen Winkel von etwa 55 oder 60 Grad bilden.

Die Köpfe der Raketen sollten auf den gegenüberliegenden Seiten des Querstücks und ihre Enden auf derselben Seite des großen Stabs platziert werden. dann müssen ihre Münder durch einen Anführer verbunden werden, der, wenn sie abgefeuert werden, in der Mitte verbrannt werden muss, und dann werden sie gleichzeitig ihre aufsteigenden Kräfte ausüben.

Signalraketen.

5. SIGNALRAKETEN.

Es gibt zwei Arten von ihnen: diejenigen, die über Berichte verfügen, und diejenigen, die keine Berichte haben. Die erste Art kann im Verhältnis etwas länger als gewöhnlich gemacht werden, etwa um ein oder zwei Durchmesser, und bei ihrer Ladung muss eine größere Menge Ton als üblich getrieben werden; Danach können ihr Sprung, ihr Choak und ihre Kappe auf die oben beschriebene Weise erfolgen.

Bei der zweiten Art müssen ihre Hülsen und Stäbe sehr leicht sein; in anderer Hinsicht ähneln sie der gewöhnlichen Himmelsrakete, wenn sie keine Anhängsel haben.

Sowohl die erste als auch die letztere Art werden häufig in Gruppen von sechs, acht, zehn usw. abgefeuert. und als Signale für die Ausstellung von Stücken größerer Größe betrachtet.

Wenn mehrere von ihnen richtig an einer Rute befestigt und zusammen abgefeuert werden, bilden sie in ihrem Flug ein äußerst schönes Erscheinungsbild, denn wenn sie so verbunden sind, vereinen sich ihre Ausstöße und bilden einen Schweif von erstaunlicher Größe, der so viele Köpfe zum Platzen bringt Dies führt sofort zu einer gewaltigen Explosion, die dem Platzen eines Ballons in der Atmosphäre nicht unähnlich (wenn auch weniger schädlich) ist. Wenn Raketen auf diese Weise angeordnet werden, muss beim Füllen und Rammen sowie bei der exakten Gleichmäßigkeit des Gewichts besondere Sorgfalt beachtet werden, sonst ist der Erfolg gefährdet. Die Stange muss auch die richtigen Abmessungen haben. Die Länge der Stangen (gemäß der Tabelle) für 8-Unzen-Raketen, die für diesen Zweck die beste Größe sind, beträgt sechs Fuß und sechs Zoll; Wenn dann vier oder sechs davon an einer Stange befestigt werden, muss deren Länge etwa zehn Fuß betragen; In seinem oberen Umfang müssen so viele Rillen angebracht werden, wie Raketen vorhanden sind, und zwar in entsprechender Länge. Der Stab muss oben ausreichend groß sein, um die dicht in den Rillen liegenden Rockets aufzunehmen, ohne dass sie zu stark aufeinander drücken.

Die Raketen müssen fest mit der Stange verbunden sein, sonst besteht die Gefahr, dass sie sich durch ihre aufsteigende Kraft von ihr lösen. aber um dies zu verhindern, besteht die beste Methode, sie zu befestigen, darin, die Stange etwa zwei Zoll über den Raketen laufen zu lassen, was ausreicht, um eine Schulter oder einen Anschlag für jede Rakete zu bilden, wobei die Rille in einem solchen Abstand vom Ende unterbrochen wird; Wenn dies erledigt ist, wird das Ganze durch ein wenig Binden recht schnell erledigt. Der obere Teil des Stabes kann kegelförmig abgerundet sein, oder was viel besser ist, man kann eine Kappe über das Ganze kleben, die (da sie auf weniger Widerstand stoßen) dazu führt, dass sie zu einem größeren aufsteigen Höhe. Wenn die Rakete richtig befestigt ist, muss ein Schnellzündholz von einem Mund zum anderen getragen werden, das, wenn es in der Mitte verbrannt wird, sofort mit dem Ganzen in Verbindung tritt.

Beim Abfeuern müssen sie an den Ringen aufgehängt werden, wie im ersten Teil dieses Artikels beschrieben.

Tischraketen.

6. TISCHRAKETEN.

Dies ist eine einfache Anwendung von Rockets auf die Speichen eines Rades; an dem sie, wenn sie befestigt sind, das Fell bilden. Ihre Wirkung (wenn sie abgefeuert wird) besteht in der gewöhnlichen Weise lediglich darin, dass sie sich um ein festes Zentrum dreht, bis ihre Zusammensetzung verbraucht ist; und durch ihre Umdrehungen stellen sie einen vertikalen oder horizontalen Feuerkreis dar.

Die Speichen müssen fest in einem Holzblock befestigt sein, dessen Länge und Abstand zueinander der Länge der verwendeten Koffer entsprechen. Die Kisten sollten solche von zwölf oder sechzehn Unzen sein; und mit der unter Nr. 8 oder 9 angegebenen Zusammensetzung gefüllt: Sie müssen sorgfältig gerammt werden.

Wenn die Enden der Raketen an den Speichen befestigt sind, die entsprechend ausgekerbt sein sollten, um sie aufzunehmen und um sie sicherer zu machen, dann wird in die Seite jedes Gehäuses (vom Rad nach außen) ein gemeinsames Loch gebohrt Abmessungen in der Nähe des Tons; Diese Löcher sollten in einer schrägen Richtung zur Ladung angebracht werden, und in und aus jedem muss ein Stück Schnellzündholz zur Mitte des Rades geführt werden, wo sie zusammengebunden und angezündet werden müssen. In der Mitte des Rades kann ein ähnliches oder größeres Gehäuse befestigt werden; die gleichzeitig beleuchtet werden und viel zur Ausstellung beitragen werden.

Die Mitte des Rades wird häufig an einem Holzblock befestigt und auf einen Tisch geschossen, wodurch ein horizontales Rad entsteht. andernfalls dreht es sich um eine an einem Pfosten befestigte Achse, und in diesem Fall wird ein vertikales Rad dargestellt; Das mittlere Gehäuse kann auf beides angewendet werden.

Schriftrollen für Raketen.

7. SCHRIFTROLLEN FÜR RAKETEN.

Diese bilden ein ansprechendes Anhängsel an die Köpfe von Raketen, die von beträchtlicher Größe sind.

Sie werden in Behältern hergestellt, die etwa vier Zoll lang sind und deren Innendurchmesser etwa drei Achtel Zoll beträgt. beide Enden müssen ziemlich fest zusammengedrückt werden, eines vor und das andere nach dem Füllen; Machen Sie dann auf der Rückseite ein kleines Entlüftungsloch für die Zusammensetzung und grundieren Sie sie mit Mehlpulver, das mit Weingeist befeuchtet ist.

Die Köpfe von Raketen können teilweise oder ganz mit diesen Hüllen gefüllt sein; Wenn sie abgefeuert werden, brechen sie schnell aus ihrer

Gefangenschaft hervor und bilden einen wunderschönen spiralförmigen Abstieg.

Die Komposition könnte die von Schlangen oder dem strahlenden Feuer sein; Wenn beides verwendet wird, sollte es kräftig zubereitet werden.

Courantines oder Linienraketen.

8. COURANTINS, [14] ODER LINIE-RAKETEN.

Unter den verschiedenen Arten, Raketen auszustellen, ist keine ansprechender als die Gegenwart.

Für diesen Zweck geeignete Raketen sind etwa ein halbes bis dreiviertel Pfund schwer; Sie sind nach der Art gewöhnlicher Himmelsraketen hergestellt. Es kann jede beliebige Zahl von eins bis acht oder zehn verwendet werden; aber fünf oder sechs werden gefunden werden, um der best. AccordingZahl der verwendeten Fälle zu entsprechen, die Courantins sollen so viele Veränderungen aufweisen. Wenn nur eine, zwei oder drei verwendet werden, können sie bequem an einer kleinen leeren Patrone (von der gleichen Länge wie die Hülsen) befestigt werden, die auf einem Drahtformer hergestellt ist, der etwas größer ist als die Linie, auf der sie laufen soll und von beträchtlicher Substanz; Wenn jedoch mehr als diese Anzahl verwendet werden soll oder eine größere Änderung vorgenommen werden soll, muss ein kleiner perforierter Zylinder mit für den Zweck geeigneten Abmessungen beschafft werden. Dieser Zylinder sollte aus leichtem Holz sein, beispielsweise aus Fichtenholz oder Weide; Die Perforationen müssen in Längsrichtung genau durch die Mitte erfolgen. In derselben Richtung sind auf seinem Umfang so viele Rillen anzubringen, wie Raketen eingesetzt werden können; Dabei müssen sie gut befestigt werden, indem das Ganze mit einer Schnur zusammengebunden wird.

Der Durchmesser dieses Zylinders sollte so groß sein, dass die Hülsen beim Einlegen in die Nut einander nahezu berühren können.

Nachdem die Raketen alle vorbereitet sind (und ihre Öffnungen oder Münder ein wenig mit Mehlpulver und Weingeist bestreut sind), sollen sie in die Rille gelegt werden, und zwar so, dass der Kopf oder das Maul des zweiten liegt am gleichen Ende des Zylinders wie das Ende des ersten; der Kopf des dritten ist derselbe wie der Schwanz des zweiten; und so weiter mit allen anderen; Sie müssen alle mit einer Schnur fest umwickelt sein.

Nachdem Sie so am Zylinder befestigt sind, müssen Sie vom Heck der ersten Rakete ein Vorfach zum Mund der zweiten tragen; vom Schwanz des zweiten bis zur Mündung des dritten; und so mit der ganzen Zahl, wobei darauf zu achten ist, dass jeder Anführer ganz sicher befestigt ist; und gleichzeitig, dass der Schnellzünder nur sehr wenig in die Bohrung der Raketen eindringt, da er sonst Gefahr läuft, die Ladung oder Zusammensetzung der Raketen abzufeuern und dadurch alle Ihre Vorkehrungen zu zerstören.

Da Ihr Läufer nun einsatzbereit ist, muss eine Leine in horizontaler Richtung zwischen zwei Pfosten oder anderen geeigneten Gegenständen befestigt werden, deren Abstand voneinander (bei Halbpfund-Raketen) etwa 100 Yards lang sein sollte; Diese Leine sollte aus einem starken Bindfaden oder (was viel besser funktioniert) einem kleinen Messing- oder Eisendraht bestehen, der ziemlich fest zwischen seinen Stützen gespannt ist. Denken Sie daran, den Läufer anzuziehen, bevor Sie beide Enden befestigen. Dann (die Mündung befindet sich neben dem Ende der Leine) feuern Sie die erste Rakete ab, die durch ihre Kraft das Ganze bis zum Ende der Leine trägt, oder fast, denn es ist besser, die Leine zu lang als zu kurz zu haben , denn wenn Letzteres der Fall ist, wird es natürlich an seinem äußersten Punkt stehen bleiben, bis der Rest der Ladung verbraucht ist, was nicht gut aussieht. Wenn aber die Linie im Gegenteil etwas zu lang ist, wird es zu keiner solchen Unterbrechung kommen, nicht einmal während der Übermittlung des Feuers an die nächste Rakete, denn die bei ihrem ersten Flug gewonnene Kraft wird ausreichen, um das Feuer fortzusetzen, bis diese Übermittlung erfolgt bewirkt; Danach kehrt es auf die gleiche Weise zum anderen Ende zurück und in der gleichen Reihenfolge wieder zurück und so weiter bis zum Ende der auf dem Zylinder angeordneten Ladungen.

Es ist eine erfreuliche Darstellung dieser Art von Feuerwerk, sie so anzuordnen, dass sie, wenn sie am Ende der Reihe angekommen sind, das Feuer auf ein anderes, richtig am Ende der Reihe angeordnetes Stück übertragen können, das sich in dieser befindet Der Fall sollte nicht mehr so lange dauern wie bisher, damit der Läufer vor seiner Rückkehr einen Moment ruhen kann, um die Kommunikation besser zu gewährleisten.

Um die Läufer ansprechender zu gestalten, sind sie (aus hellem Holz oder Zinn) in Form verschiedener Tiere wie *Schlangen* , *Drachen* , *Merkur* , *Schiffe* usw. gefertigt. Wenn sie so arrangiert sind, sind sie sehr unterhaltsam, besonders wenn sie mit verschiedenen Kompositionen gefüllt sind, wie zum Beispiel goldenem Regen, Feuern in verschiedenen Farben, Schlangen, Hafenfeuern usw.

Man kann die Drachen dazu bringen, Schlangen aus ihren Mündern auszustoßen, und zwei von ihnen werden in einer Reihe angeordnet, so dass sie sich in der Mitte treffen und dort scheinbar miteinander streiten, bis das zweite Gehäuse Feuer fängt, woraufhin sie zurücklaufen Sie erreichen das Ende der Linie und kehren dann mit großer Heftigkeit wieder zurück, was sowohl beim Bediener als auch beim Zuschauer viel Vergnügen bereitet.

Auf die gleiche Weise können zwei Schiffe im Kampf dargestellt werden und (indem man sie gut mit Schlangen füllt) dazu gebracht werden, ihre Breitseiten aufeinander auszurichten, oder, wenn sie auf zwei getrennten Linien platziert sind, in geringem Abstand voneinander Andererseits können sie dazu gebracht werden, in entgegengesetzte Richtungen aneinander vorbeizulaufen. In beiden Fällen ergeben sie ein sehr ansprechendes Erscheinungsbild.

Wenn die dargestellten Tiere sich in der Mitte treffen sollen, sollte die Linie viel länger sein, sonst stürmen sie mit zu großer Kraft zusammen.

Rotierende Courantinen.

9. DREHENDE KURANTINEN.

Während diese in gerader Richtung entlang der Linie fliegen, werden sie durch die einfache Anwendung einer anderen Rakete in Rotation versetzt oder drehen sich gleichzeitig um. Diese Drehbewegung lässt sich leicht bewirken, indem man an den Gehäusen eine weitere Rakete befestigt, die in Querrichtung platziert werden muss; Die Öffnung muss, anstatt sich wie beim Zylinder unten zu befinden, seitlich in der Nähe eines der Enden angebracht werden. Diese Querrakete muss mit einer sehr langsamen Ladung gefüllt werden, sonst wird sie verbraucht, lange bevor sie auf dem Zylinder ist; wenn mehrere Kufenwechsel vorgesehen sind, sollten zwei in Querrichtung fixiert werden; Ihr Durchmesser sollte im Verhältnis zu ihrer Länge klein sein.

Die Courantinen können mit anderen ebenso einfachen und wirksamen Mitteln zur Rotation gebracht werden. Bereiten Sie einen Koffer vor und befüllen Sie ihn wie für Catherine Wheels. Wickeln und binden Sie ihn schön um die Courantine. Dies wird, wenn es mit dem ersten Gehäuse beleuchtet wird, dazu führen, dass es sich auf eine sehr angenehme Art und Weise dreht.

Wenn sich die Courantinen nicht drehen, kann man sie so gestalten, dass sie auf der Oberseite einen Feuerstrahl oder irgendeine andere Verzierung tragen, die sich der Bediener ausdenken kann; Achten Sie darauf, an der Unterseite ein kleines Gewicht mit einem Draht aufzuhängen, damit es immer in einer aufrechten Position bleibt.

Durch Raketen verschiedene Formen in der Luft darstellen.

10. DURCH RAKETEN VERSCHIEDENE FORMEN IN DER LUFT DARSTELLEN.

Um die große Patrone oder den Kopf einer etwa zwei Pfund schweren Rakete herum platzieren Sie mehrere kleine Patronen von etwa zwei bis drei Unzen, deren Stangen ziemlich fest am Kopf befestigt werden müssen und parallel zur Stange der größeren Rakete verlaufen müssen. Wenn diese dann angezündet werden, während die große Rakete aufsteigt, stellen sie auf sehr angenehme Weise *einen Baum dar* , dessen Stamm die große Rakete und die kleineren die Äste sein werden.

Wenn die kleinen Raketen mit Hilfe von Anführern in Brand gesteckt werden, während die große in der Luft etwa zur Hälfte verbrannt ist, stellen sie die Form eines Kometen dar; und wenn der Große beginnt, in umgekehrter Position herabzusteigen, werden die Kleinen eine Art feurige Fontänen darstellen.

Wenn man die Fässer einiger kleiner Röhren oder Federn, die mit der Zusammensetzung fliegender Raketen gefüllt sind, auf ein großes Rohr setzt, werden sie, wenn Feuer auf sie übertragen wird, einen wunderschönen Feuerregen darstellen.

Wenn mehrere kleine Schlangen mit einem Stück Packfaden an der Rakete befestigt werden, und zwar an den Enden, die kein Feuer fangen; und wenn man den Packfaden zwischen zwei und zwei Zoll herunterhängen lässt, wird diese Anordnung, wenn sie richtig gehandhabt wird, eine Vielzahl angenehmer und amüsanter Figuren hervorbringen.

Eine Rakete dazu bringen, beim Aufsteigen einen Bogen zu bilden.

11. UM EINE RAKETE BEIM AUFSTEIGEN EINEN LICHTBOGEN ZU BILDEN.

Schneiden Sie aus einer Dose oder einer anderen dünnen Platte einige Kreise mit einem Durchmesser von etwa 7 bis 10 cm aus; Befestigen Sie dann an der Stange jeder Rakete und etwa der doppelten Länge des Gehäuses von der Mündung entfernt eines dieser Blechstücke fast im rechten Winkel zur Stange und befestigen Sie es durch einen Bügel darunter ziemlich sicher. Das darauf einwirkende Feuer wird, wenn es aus der Mündung der Rakete austritt, den Schwanz so teilen, dass er sich kreisförmig fortbewegt und ein sehr angenehmes Aussehen erhält.

Raketen ohne Stangen abfeuern.

12. RAKETEN OHNE STANGEN ABfeuern.

Raketen können ohne Stangen in die Luft steigen, aber an deren Stelle müssen vier dreieckige Pappflügel angebracht sein, die der Länge nach an der Außenseite der Patrone befestigt sind, ähnlich denen, die an Pfeilen oder Pfeilen befestigt sind. Die Länge dieser Flügel sollte etwa drei Viertel der Länge der Rakete betragen; Ihre Breite sollte unten die Hälfte ihrer Länge betragen und nach oben bis auf nichts abnehmen. Die Rakete kann über ein Loch in einem Brett gesetzt und von der Unterseite abgefeuert werden; oder die vier Flügel können auf vier Eisenstiften von sechs bis acht Zoll Länge ruhen, die in geeigneten Abständen voneinander in ein Brett getrieben werden, und die Rakete feuert zwischen ihnen ab.

Auch wenn beim Ausrichten der Raketen auf diese Art und Weise größte Vorsicht geboten ist, ist ihr Aufstieg doch weitaus unsicherer als bei Verwendung einer Rute; Deshalb darf der Tyro nicht enttäuscht sein, wenn ihm der Erfolg misslingt.

Theorie des Raketenfluges.

THEORIE DES RAKETENFLUGS.

Eine richtig konstruierte Rakete mit befestigtem Stab und anderen Anhängseln, in einer vertikalen Position befestigt und mit Feuer auf ihre Mündung, wird (wie die Erfahrung zeigt) mit erstaunlicher Geschwindigkeit in die Luft aufsteigen Aufgrund dieses Aufstiegs stoßen wir auf Schwierigkeiten, über die wir kaum nachgedacht haben, als wir den schönen Weg betrachteten, den er im Medium seines Fluges beschrieb.

Dass dieser Aufstieg von dem Medium (oder der Luft) abhängt, in dem er erzeugt wird, lässt keinen Zweifel zu; aber zu beschreiben, wie oder auf welche Weise es bewirkt wird, hat die Aufmerksamkeit einiger der bedeutendsten Philosophen auf sich gezogen. Infolgedessen wurden mehrere Theorien zur Erklärung der Phänomene aufgestellt, und unter ihnen haben die von Mariotte und Desaguliers die größte Aufmerksamkeit beansprucht.

Mariotte führt den Aufstieg von Raketen auf den Widerstand oder die Reaktion der Luft gegen das Gas zurück, das durch die Verbrennung der Zusammensetzung entsteht.

Diese Hypothese scheint die Phänomene zu erklären; Es wurden jedoch große Einwände dagegen erhoben, wegen der Schwierigkeit, die mit der Reduzierung auf mathematische Untersuchungen einhergeht: – Diese Schwierigkeit ergibt sich aus dem Gesetz, das die Antriebskraft notwendigerweise befolgen muss; das heißt, es nimmt mit zunehmender Geschwindigkeit ab, was auf das Teilvakuum zurückzuführen ist, das die Rakete während ihres Fluges hinterlässt. so dass die Geschwindigkeit sozusagen sowohl ein *Datum* als auch *ein Quasitum wird* ; und die richtige Lösung des Problems erfordert notwendigerweise die Integration partieller Differenzen höchster Ordnung.

Die Hypothese von Desaguliers unterscheidet sich etwas von der vorherigen; es ist viel vertrauter mit mathematischen Untersuchungen; da es die gesamte Theorie auf die einfachste Form reduziert; und wir glauben, dass es nicht weit davon entfernt ist, mit den bekannten Prinzipien der Phänomene übereinzustimmen; ungeachtet des von Dr. Rees und seinen

Herausgebern dagegen vorgebrachten Arguments; und wir werden versuchen, dies zu beweisen, indem wir uns auf eine höhere Autorität als unsere eigene berufen.

Dr. Desaguliers erläutert seine Hypothese folgendermaßen: – Stellen Sie sich vor, dass die Rakete an der Drosselklappe keine Entlüftungsöffnung hat und in der konischen Bohrung in Brand gesteckt wird; Die Folge wäre, dass die Rakete entweder an der schwächsten Stelle zerplatzen würde oder dass die Rakete unbeweglich ausbrennen würde, wenn alle Teile gleich stark wären und den Impuls der Flamme aushalten könnten. Da nun die Kraft der Flamme gleichmäßig ist, nehmen Sie an, dass ihre Wirkung nach unten oder nach oben ausreicht, um vierzig Pfund zu heben; Da diese Kräfte gleich sind, ihre Richtungen jedoch entgegengesetzt sind, werden sie sich gegenseitig in ihrer Wirkung zerstören.

Stellen Sie sich vor, die Rakete öffnete sich am Choak. Dadurch wird die Wirkung der Flamme nach unten aufgehoben, und es bleibt eine Kraft von vierzig Pfund übrig, die nach oben wirkt, um die Rakete und den Stock oder Stab, an dem sie befestigt ist, nach oben zu tragen.

Dementsprechend stellen wir fest, dass die Rakete überhaupt nicht steigt, wenn die Zusammensetzung der Rakete sehr schwach ist, so dass sie keinen Impuls gibt, der größer ist als das Gewicht der Rakete und des Stocks. oder wenn die Zusammensetzung langsam ist, so dass zunächst nur ein kleiner Teil davon entzündet wird, steigt die Rakete nicht auf.

Dazu fügen wir die Philosophie des verstorbenen Doktor Hutton über den Aufstieg der Raketen hinzu; Wer sagt, dass in dem Moment, in dem sich das Pulver zu entzünden beginnt, seine Ausdehnung einen Strom elastischer Flüssigkeit erzeugt, der in alle Richtungen wirkt? das heißt, gegen die Luft, die aus der Patrone entweicht, und gegen den oberen Teil der Rakete; aber der Widerstand der Luft ist beträchtlicher als das Gewicht der Rakete, und zwar wegen der außerordentlichen Schnelligkeit, mit der die elastische Flüssigkeit durch den Hals der Rakete ausströmt, um sich nach unten zu werfen, und die Rakete daher um das Übermaß an Gewicht aufsteigt diese Kräfte übereinander.

Dies wäre jedoch nicht der Fall, es sei denn, die Rakete würde bis zu einer bestimmten Tiefe durchbohrt. Es würde keine ausreichende Menge an elastischer Flüssigkeit erzeugt werden; denn die Zusammensetzung würde sich nur in kreisförmigen Schichten entzünden, deren Durchmesser dem der Rakete gleich sei; Und die Erfahrung zeigt, dass dies nicht ausreicht. Dann wurde auf die sehr geniale Idee zurückgegriffen, die Rakete in ein konisches Loch zu stechen, wodurch die Zusammensetzung in konischen Schichten brennt, die eine viel größere Oberfläche haben und eine viel größere Menge an entzündeter Materie und Flüssigkeit produzieren. Dieser Ausweg war sicherlich kein spontanes Werk.

Der Stock dient dazu, ihn senkrecht zu halten; Denn wenn die Rakete anfangen würde zu taumeln und sich um einen Punkt im Choak herumbewegt, der den gemeinsamen Schwerpunkt von Rakete und Stock darstellt, würde zwischen dem Mittelpunkt und dem Punkt so viel Reibung gegen die Luft durch den Stock entstehen Der Punkt würde mit so großer Geschwindigkeit gegen die Luft schlagen, dass die Reaktion des Mediums ihn wieder in seine Rechtwinkligkeit bringen würde. Wenn die Zusammensetzung ausgebrannt ist und der Aufwärtsimpuls aufgehört hat, wird der gemeinsame Schwerpunkt zur Mitte des Stabes hin abgesenkt, wodurch die Geschwindigkeit der Spitze des Stabes abnimmt, und zwar an der Spitze des Stabes Rakete wird erhöht; so dass das Ganze einstürzt, wobei das Ende der Rakete vorne liegt.

Während die Rakete brennt, verschiebt sich der gemeinsame Schwerpunkt nach unten und wird umso schneller und tiefer, je leichter der Stab ist. so dass es manchmal anfängt zu taumeln, bevor es ganz ausgebrannt ist: aber wenn der Stock zu schwer ist, wird der gemeinsame Schwerpunkt nicht so tief sinken, aber der der Rakete wird gerade aufsteigen, wenn auch nicht so schnell.

Aus den Experimenten von Herrn Robins und anderen Herren wurde herausgefunden, dass die Raketen mit einem Durchmesser von zwei, drei oder vier Zoll am höchsten steigen; und es wurde festgestellt, dass sie alle Höhen in der Luft erreichen, von 400 bis 1.254 Yards, was etwa einer dreiviertel Meile entspricht. Für weitere Einzelheiten zur Theorie des Raketenflugs verweisen wir unsere Leser auf Robins's Tracts, Bd. 2. – Philosophische Transaktionen, Bd. 46, Seite 578: und insbesondere auf Herrn W. Moors „Abhandlung über die Bewegung von Raketen", in der das Thema elegant behandelt wird.

ABSCHNITT VII.

TABELLEN VERSCHIEDENER ZUSAMMENSETZUNGEN.

1. SCHLANGEN. – Mehlmehl ein Pfund, Salpeter eine Unze und dreiviertel, Holzkohle eine Unze.

2. STIFTRÄDER. – Mehlmehl zwölf Unzen, Salpeter drei Unzen, Schwefel eineinhalb Unzen, Stahlspäne zwei Unzen.

3. GEWÖHNLICHE STERNE. —Salzpeter ein Pfund, Schwefel viereinhalb Unzen, Antimon vier Unzen, Hausenblase eine halbe Unze, Kampfer eine halbe Unze, Weinbrand eine dreiviertel Unze.

4. WEIße STERNE. – Mehlmehl vier Unzen, Salpeter zwölf Unzen, Schwefel sechseinhalb Unzen, Ährenöl zwei Unzen, Kampfer fünf Unzen.

5. BLAUE STERNE. – Mehlmehl 8 Unzen, Salpeter 4 Unzen, Schwefel zweieinhalb Unzen, Hausenblase 2 Unzen, Weinbrand 2 Unzen.

6. STERNE MIT SCHWANZ. – Mehlmehl drei Unzen, Salpeter eine Unze, Schwefel drei Unzen, Holzkohle eine Unze.

7. FUHR STERNE. —Salzpeter ein Pfund, Schwefel acht Unzen, Antimon vier Unzen.

8. SPITZE STERNE. – Salt-Petre achteinhalb Unzen, Schwefel zwei Unzen, Antimon eine Unze und dreiviertel.

9. STERNE VON SCHÖNER FARBE. – Mehlmehl eine Unze, Salpeter eine Unze, Schwefel eine Unze, Terpentinöl vier Drams, Kampfer vier Drams.

10. BUNTE STERNE. – Mehlpulver acht Drams, Roch-Petre vier Unzen, Vivum zwei Unzen, Kampfer zwei Unzen.

11. BRILLANTE STERNE. – Mehlpulver, dreiviertel Unze, Salpeter, dreieinhalb Unzen, Schwefel, eineinhalb Unzen, Branntwein, eineinhalb Unzen.

12. STERNE MIT SCHWANZ. – Salzpeter 4 Unzen, Schwefel 6 Unzen, Antimon 2 Unzen, Kolophonium 4 Unzen.

13. DAS GLEICHE GILT FÜR SPARKS. – Mehlmehl eine Unze, Salpeter eine Unze, Kampfer zwei Unzen.

14. GERBES.

1. Mehlmehl, eineinhalb Pfund, grober Eisensand, fünf Unzen.

2. Mehlmehl zwei Pfund, grober Eisensand acht Unzen, Salpeter ein Pfund.

15. RÖMISCHE KERZEN. – Mehlpulver – ein halbes Pfund, Salpeter – zweieinhalb Pfund, Schwefel – ein halbes Pfund, Glasstaub – ein halbes Pfund.

16. TOURBILLONS.

Für 4-Unzen-Hüllen. – Mehlpulver ein Pfund zwei Unzen, Holzkohle zwei Unzen und ein Viertel.

Für 8-Unzen-Hüllen. – Mehlmehl zwei Pfund, Holzkohle vier Unzen dreiviertel.

17. FEUERSCHAUER.

Chinesisch. – Mehlmehl ein Pfund, Schwefel zwei Unzen, Eisensand erster Ordnung fünf Unzen.

Uralt. – Mehlmehl ein Pfund, Holzkohle zwei Unzen.

Brillant. – Mehlmehl ein Pfund, Eisensand erster Ordnung vier Unzen.

18. GOLDENER REGEN.

1. Mehlmehl vier Unzen, Salpeter ein Pfund, Schwefel vier Unzen, Messingstaub eine Unze, Sägemehl zwei und ein Viertel Unzen, Glasstaub sechs Drams.

2. Mehlmehl 12 Unzen, Salpeter 2 Unzen, Holzkohle 4 Unzen.

3. Salzpeter acht Unzen, Schwefel zwei Unzen, Messingstaub eine Viertelunze, Antimon dreiviertel Unze, Sägemehl zwölf Drams, Glasstaub eine Unze.

19. SILBERNER REGEN.

1. Mehlpulver zwei Unzen, Salpeter vier Unzen, Schwefel zwei Unzen, Antimon zwei Unzen, Sal-Prunella eine halbe Unze.

2. Salzpeter eine halbe Unze, Schwefel zwei Unzen, Holzkohle vier Unzen.

3. Mehlmehl zwei Unzen, Salpeter vier Unzen, Schwefel eine Unze, Stahlstaub eine dreiviertel Unze.

20. Wasserraketen.

1. Mehlmehl drei Pfund, Salpeter zwei Pfund, Schwefel eineinhalb Pfund, Holzkohle zweieinhalb Pfund.

2. Salzpeter ein Pfund, Schwefel viereinhalb Pfund, Holzkohle sechs Pfund.

3. Salzpeter ein Pfund, Schwefel vier Unzen, Holzkohle zwölf Unzen.

4. Mehlmehl vier Unzen, Salpeter ein Pfund, Schwefel achteinhalb Unzen, Holzkohle zwei Unzen.

21. Sinkende Gebühr für Ditto.

Mehlpulver zehn Unzen, Holzkohle eine Unze.

22. Wasserschlangen.

1. Mehlpulver ein Pfund, Holzkohle ein Pfund.

2. Mehlpulver ein Pfund, Holzkohle neun Unzen.

23. Wasserballons.

1. Mehlmehl zwei Pfund, Salpeter vier Pfund, Schwefel zwei Pfund, Antimon vier Unzen, Sägemehl vier Unzen, Glasstaub eine Unze und ein Viertel.

2. Mehlmehl drei Pfund, Salpeter viereinhalb Pfund, Schwefel eineinhalb Pfund, Antimon vier Unzen.

24. Radkästen.

1. Mehlmehl zwei Pfund, Salpeter vier Unzen, Stahlspäne sechs Unzen.

2. Mehlmehl zwei Pfund, Salpeter zwölf Unzen, Stahlspäne drei Unzen.

3. Mehlmehl vier Pfund, Salpeter ein Pfund, Schwefel acht Unzen, Holzkohle viereinhalb Unzen.

4. Mehlmehl 8 Unzen, Salpeter 4 Unzen, Sägemehl 1,5 Unzen, Holzkohle 1 Unze.

5. Mehlmehl zwölf Unzen, Sägemehl eine halbe Unze, Holzkohle eine Unze.

6. Salzpeter ein Pfund neun Unzen, Schwefel vier Unzen, Holzkohle viereinhalb Unzen.

25. Langsames Feuer für Räder.

1. Mehlmehl 1,5 Unzen, Schwefel 2 Unzen, Salzpeter 4 Unzen.

2. Antimon, eine Unze, sechs Dram, Schwefel, eine Unze, Salpeter, vier Unzen.

26. EIN TOTES FEUER FÜR RÄDER.

Salt-Petre eineinhalb Unzen, Schwefel eine Viertelunze, Antimon zwei Drams, Lapis Calaminaris eine Viertelunze.

27. FÜR STEHENDE ODER FESTE FÄLLE.

1. Mehlmehl zwei Pfund, Salpeter ein Pfund, Schwefel ein halbes Pfund, Holzkohle ein halbes Pfund.

2. Mehlmehl ein Pfund, Salpeter ein halbes Pfund, Stahlstaub vier Unzen.

3. Mehlpulver zehn Unzen, Holzkohle zwei Unzen.

4. Mehlmehl, ein halbes Pfund, Schwefel, zwei Unzen.

5. Mehlmehl eineinhalb Pfund, Sägemehl dreiviertel Unze, Holzkohle zweieinhalb Unzen.

28. FÜR SUN CASES.

1. Mehlmehl zwei Pfund zwei Unzen, Salpeter fünf Unzen, Schwefel eine Unze, Stahlstaub zwölf Unzen.

2. Mehlmehl eineinhalb Pfund, Salpeter drei Unzen, Stahlstaub drei und dreiviertel Unzen.

29. FÜR SPIRALRÄDER.

Mehlpulver vierzehn Unzen, Salpeter eineinhalb Pfund, Schwefel sechs Unzen, Glasstaub vierzehn Unzen.

30. GLOBEN.

Salzpeter sechs Unzen, Schwefel zwei Pfund, Kampfer zwei Unzen, Antimon vier Unzen.

31. SCHLANGEN FÜR POTS DES BRINS .

Mehlpulver zehn Unzen, Salpeter sechs Unzen, Holzkohle eineinhalb Unzen.

32. FEUER IN VERSCHIEDENEN FARBEN.

Weißes Feuer. – Zwei Teile Schießpulver, ein Teil Stahlspäne; Für ein helles Weiß fügen Sie etwas Kampfer hinzu. Elfenbeinraspeln ergeben eine Flamme von silberner Farbe, die für die Augen etwas blendend ist.

Rotes Feuer. - Zwei Teile Schießpulver, ein Teil Eisensand erster Ordnung. Griechisches Pech erzeugt eine Flamme, die etwas rot ist, aber eher zu einer Bronzefarbe neigt.

Gewöhnliches schwarzes Pech erzeugt eine düstere Flamme, die einem dichten Rauch gleicht, was für die Erzeugung eines Mediums unerträglicher Dunkelheit von entscheidender Bedeutung ist.

Schwefel, in mäßiger Menge gemischt, lässt die Flamme blau erscheinen.

Salmiak und Grünspan erzeugen eine grünlich geneigte Flamme.

Gelbe Bernsteinsplitter verleihen der Flamme eine Zitronenfarbe.

Rohes Antimon hat eine rostrote Farbe.

33. FÜR FEUERSTRAHLEN.

Wenn der Innendurchmesser der Gehäuse nicht mehr als sechs Linien beträgt, müssen die folgenden Proportionen gelten.

Chinesisches Feuer. – Mehlmehl ein Pfund, Salpeter ein Pfund, Schwefel acht Unzen, Holzkohle zwei Unzen.

Weißes Feuer. – Eisensand erster Ordnung acht Unzen, Mehlmehl acht Unzen, Salpeter ein Pfund, Schwefel drei Unzen, Holzkohle drei Unzen.

Wenn ihr Kaliber jedoch zwischen acht und zwölf Linien liegt, sind die Proportionen wie folgt.

Weißes Feuer. – Mehlmehl ein Pfund, Salpeter ein Pfund, Schwefel acht Unzen, Holzkohle zwei Unzen.

Chinesisches Feuer. – Salzpeter ein Pfund vier Unzen, Schwefel fünf Unzen, Holzkohle fünf Unzen, Eisensand dritter Ordnung zwölf Unzen.

Strahlendes Feuer. – Mehlmehl ein Pfund, Eisensand fünf Unzen.

FÜR JETS MIT GRÖßEREN ABMESSUNGEN.

Chinesisches Feuer. – Salt-Petre ein Pfund vier Unzen, Schwefel sieben Unzen, Holzkohle fünf Unzen und zwölf Unzen einer Mischung aus den sechs verschiedenen Sandarten.

34. FUNKELNDE KOMPOSITIONEN FÜR ERSTICKTE FÄLLE.

Für Schwarz. — Mehlpulver und Holzkohle.

Für Weiß. —Salzpeter, Schwefel und Holzkohle.

Für Grau. – Mehlmehl, Salpeter, Schwefel und Holzkohle.

Für Rot. – Mehlmehl, Holzkohle und Sägemehl.

Diese können in jedem Verhältnis verwendet werden, das der Praktiker für richtig hält, denn mit ein wenig Erfahrung wird er beweisen, dass verschiedene Feuerfarben erzeugt werden können, indem man nur die Proportionen oder die Reihenfolge der Zutaten variiert oder sie abwechselnd vorherrschend macht. Die gleiche Beobachtung wird auf viele andere Fälle ähnlicher Art zutreffen.

ABSCHNITT VIII.

Verbundfeuerwerk.

Zusammengesetzte Feuerwerke sind solche, die aus der Kombination einzelner oder einfacherer Arten entstehen; hauptsächlich diejenigen, die wir bereits beschrieben haben. Die Anzahl und Vielfalt der Figuren und die Modifikationen, denen sie unterliegen, sind nahezu endlos, und alle oder den größten Teil davon zu beschreiben, würde den Rahmen unseres HANDBUCHS BEI WEITEM SPRENGEN . Wir werden es daher als ausreichend erachten, solche Exemplare mit einfacher Anordnung auszuwählen, die eine geeignete Einführung in die komplexeren Exemplare bilden; In diesem letzteren Fall muss der junge Pyrotechniker seinem eigenen Einfallsreichtum überlassen werden, der ihm leicht eine größere Vielfalt diktieren wird, als wir beschreiben könnten.

Girandole-Truhen mit Schlangen.

1. GIRANDOLE [15] TRUHEN MIT SCHLANGEN.

Die erste Kombination, die dem Uninformierten natürlich in den Sinn kommt, ist die einer Anzahl von Schlangen, die so angeordnet sind, dass sie alle gleichzeitig Feuer fangen und am Ende platzen und einen lauten Knall von sich geben.

Diese Kombination ist ein Schlangennest; Der Koffer oder die Kiste, in der sie aufbewahrt werden, muss aus festem Karton bestehen und die Abmessungen haben, die der einzufügenden Zahl entsprechen. Das Stück, das die Oberseite bildet, muss an ebenso vielen Stellen perforiert sein, je nach Anzahl der abzufeuernden Schlangen; sie müssen nicht weit voneinander entfernt sein. Auf den Boden der Kiste muss etwas Mehlmehl gegeben werden, damit die Münder der Schlangen darauf ruhen können. Letztere müssen mit etwas feuchtem Mehlpulver eingerieben werden, damit sie sofort Feuer fangen können. Um dem Pulver am Boden der Schachtel Feuer zu verleihen, muss eine der Schlangenhülsen mit einer langsamen Zusammensetzung gefüllt, oben offen gelassen und etwa in der Mitte der Schachtel eingesetzt werden: Wenn diese Hülse angezündet ist, brennt sie Eine kurze Zeit lang, oder bis es den Grund erreicht, wird ein plötzliches Geräusch zu hören sein und alle Schlangen werden in verschiedene Richtungen in die Luft geschleudert.

Obwohl diese Art, Schlangen abzufeuern, kindisch in ihrer Erfindung und einfach in ihrer Herstellung ist, bereitet sie den Zuschauern im Allgemeinen viel Vergnügen, was hauptsächlich auf die Vielfalt der den Schlangen gegebenen Richtungen zurückzuführen ist; Letzteres ist eine Folge davon, dass sie etwas nachlässig und being trajectedin verschiedenen Winkeln zur gleichen Ebene in der Box platziert wurden.

Girandole-Truhen mit Raketen.

2. GIRANDOLE-TRUHEN MIT RAKETEN.

Diese Truhen sollten aus einigen dünnen Brettern bestehen und deren Abmessungen proportional zur Anzahl der Raketen sein. Die am besten geeigneten Raketen sind solche mit einem Gewicht von 2 bis 6 Unzen. Die Tiefe der Box sollte etwas größer sein als die Länge der Raketen mit ihren Stöcken. Die Oberseite (die ordnungsgemäß perforiert ist, um die Stöcke aufzunehmen) muss im rechten Winkel in der Truhe befestigt werden und so weit von der Oberseite entfernt sein, wie die Länge der Raketenhülsen, einschließlich der Kappe, falls solche verwendet werden. Der Abstand zwischen den einzelnen Raketen muss so sein, dass sie stehen können, ohne sich zu berühren. Von einem Loch zum anderen muss eine Nut geschnitten werden, die tief genug ist, um ein Stück Schnellverbindung aufzunehmen, das von Loch zu Loch in gleicher Weise verlegt werden muss. Unterhalb der Oberseite, etwa auf zwei Dritteln der Länge der Stäbe, muss der Boden befestigt werden, der auf die gleiche Weise perforiert ist, abgesehen von der Größe der Löcher, die aufgrund der Abmessungen der Stäbe etwas kleiner sein wird. Legen Sie das Streichholz wie oben beschrieben aus, nehmen Sie einige Luftraketen und stecken Sie ein Stück desselben Streichholzes in den Hohlraum jeder Rakete, so dass es ein wenig unter die Öffnung der Rakete hinausragt. Letztere sollte ein wenig mit Mehlpulver eingerieben werden , mit etwas Flüssigkeit befeuchtet, vor der Gabe. Nachdem die Raketen und die Truhe so bereit sind, stecken Sie die Stange durch die Löcher oben und unten in der Truhe, so dass ihre Mündungen gerade auf dem Schnellzündholz in den Rillen ruhen, mit dem alle Raketen abgefeuert werden die selbe Zeit; Denn durch das Anzünden eines beliebigen Teils des Streichholzes wird es in einem Augenblick mit dem Ganzen kommunizieren. Um die Stange bequem durch die unteren Löcher stecken zu können, sollte an einer Seite der Truhe eine kleine Tür angebracht werden, da es sonst schwierig wird, die Stangen an die richtige Stelle zu bringen.

Vor der Ausstellung dieser Raketenflüge sollten sie abgedeckt oder an einem sicheren Ort aufgestellt werden, da sonst die Gefahr besteht, dass sie durch Funken anderer Werke in Brand gesteckt werden.

Pots des Brins.

3. POTS DES BRINS .

Das sind große Papierzylinder, gefüllt mit Pulver, Sternen, Funken usw. Sie bestehen im Allgemeinen aus Pappe und sind etwa vier Durchmesser lang; Sie sollten wie gewöhnliche Koffer an einem Ende mit einem Haken versehen sein. Sie werden im Allgemeinen in großer Zahl ausgestellt und auf einer Art Planke befestigt, und zwar auf folgende Weise: Machen Sie auf der Unterseite Ihrer Planke so viele Rillen, wie Sie Topfreihen haben möchten, und dann in einem kleinen Abstand voneinander. und genau über den Rillen befestigen Sie so viele Stifte, etwa drei Viertel oder einen Durchmesser hoch; Dann bohren Sie durch die Mitte jedes Pflocks ein Loch bis zur Rille unten und befestigen und kleben Sie an jedem Pflock einen Topf, dessen Öffnung fest auf dem Pflock sitzen muss. Dann führt man durch alle Löcher ein Schnellzündholz, dessen eines Ende in den Topf und das andere in die Rille gesteckt werden muss, in das von einem Ende zum anderen ein Streichholz eingelegt und mit Papier bedeckt sein muss, damit es beim Anzünden funktioniert An einem Ende kann es das Ganze fast augenblicklich entladen. Geben Sie in jeden Topf etwa eine Unze Mehl und Maispulver; dann kommen in einige Sterne und in andere Regen, Schlangen, Schlangen, Knallbonbons, Funken usw. Wenn sie geladen sind, sichern Sie ihre Münder, indem Sie sie mit Papier überkleben.

Pots des Brins in beträchtlicher Zahl abgefeuert werden, ergeben sie aufgrund ihrer großen Vielfalt an Bränden ein höchst erfreuliches Schauspiel.

Feuerstrahlen.

4. FEUERSTRAHLEN.

Hierbei handelt es sich um eine Art stationäre Rakete, deren Wirkung darin besteht, Feuerstrahlen in die Luft zu schleudern, die in mancher Hinsicht denen ähneln, die Wasser erzeugt. Wenn mehrere solcher Raketen horizontal auf derselben Linie platziert werden, kann man leicht erkennen, dass das Feuer, das sie aussenden, fast einer Wasserfläche ähnelt und sich in Form einer Kaskade anordnet. Wenn die Raketen kreisförmig angeordnet sind, wie die Radien und der Umfang eines Kreises, bilden sie das, was man eine *feste Sonne nennt* .

Um diese Feuerstrahlen zu erhalten, muss die Patrone für brillante Feuer ein Viertel des Durchmessers und für chinesische Feuer nur ein Sechstel davon dick sein.

Die Patrone muss auf einen Nippel geladen werden, dessen Spitze in der Länge dem gleichen Durchmesser und in der Dicke einem Viertel davon entspricht; aber durch die Wirkung des Feuers wird das Maul im Allgemeinen größer als erforderlich; Dies kann jedoch verhindert werden, indem die Patrone nach Art der Chinesen aufgeladen wird, die sie bis zu einer Höhe, die einem Viertel des Durchmessers entspricht, mit Ton füllen. Dies muss wie Schießpulver niedergerammt werden.

Wenn die Ladung mit der von Ihnen gewählten Zusammensetzung abgeschlossen ist, muss die Patrone mit einem Holzstampion verschlossen und darüber erstickt werden.

Der Zug oder das Streichholz muss aus derselben Zusammensetzung bestehen wie die zum Verladen verwendete; andernfalls würde die Ausdehnung der Luft, die in dem vom Locher gebohrten Loch enthalten ist, dazu führen, dass der Jet platzt.

Clayed Rockets können in der Nähe des Halses mit zwei Löchern versehen sein, um drei Jets auf demselben Plan zu haben.

Wenn man ihnen eine Art Deckel hinzufügt, der mit einer Reihe von Löchern durchbohrt ist, werden sie fast einen sprudelnden Brunnen imitieren.

Jets, die Feuerflächen darstellen sollen, sollten nicht erstickt werden. Sie müssen horizontal oder leicht nach oben oder unten geneigt platziert werden.

Wenn an der Oberseite der Kartusche eine zylindrische Zinnkappe angebracht wird, die in einer flachen, langen, schmalen Öffnung endet (ähnlich denen, die an Gartenbewässerungstöpfen angebracht sind), wird der Feuerstrahl sehr ausgedehnt und die Schönheit der Kartusche erhöht Ausstellung vergrößert. Die Zusammensetzung dieses Artikels ist in der Tabelle, Abschnitt 7 angegeben.

Chinesischer Brunnen.

5. CHINESISCHER BRUNNEN.

Stellen Sie ein Stück trockenes Holz bereit, etwa sechs bis sieben Fuß lang und etwa zweieinhalb Zoll im Quadrat; Im Abstand von 16 Zoll von der Oberseite dieses Stücks (vorausgesetzt, es ist sieben Fuß lang und senkrecht befestigt) muss ein Regal von 16 Zoll Länge, einer Breite von etwa 2,5 Zoll und einer Dicke befestigt werden etwa drei Viertel. Unterhalb dieses Regals müssen drei oder vier weitere Regale mit der gleichen Breite und Dicke befestigt werden, deren Länge jedoch nach unten hin stufenweise um 20 cm zunimmt. Sie müssen im gleichen Abstand zueinander befestigt werden wie die erste von oben.

Setzen Sie nun oben auf dem Pfosten (in ein Loch mit den richtigen Abmessungen) eine Gerbe oder Feuerlöschpumpe ein. Auf dem ersten Regal legen Sie auf die gleiche Weise zwei Gerbes ein, auf dem zweiten drei, auf dem dritten vier, auf dem vierten fünf und auf dem untersten Regal sechs: — Sie müssen so platziert werden, dass die nächsthöheren genau über der Mitte stehen der Intervalle der unten aufgeführten. Die Gerben sollten so platziert werden, dass ihre Münder leicht nach vorne geneigt sind. Geschieht dies nicht, werden die aus den Kästen herausgeworfenen Sterne gegen das darüber liegende Regal schlagen und nur wenig von dem Effekt hervorrufen, der sie, wenn sie richtig angeordnet sind, so schön macht.

Zwischen den verschiedenen Fällen muss eine ordnungsgemäße Verbindung mit Ihren Führungskräften hergestellt werden. von oben beginnend und nach unten zu jedem einzelnen von ihnen tragend. Der oberste ist zuerst anzuzünden.

Die Pyramide oder der vollständige Brunnen wird durch Abb. dargestellt. 25 .

Pyramide aus Blumentöpfen.

6. PYRAMIDE AUS BLUMENTÖPFEN.

Im allgemeinen Aufbau ähnelt dieser Artikel genau dem gerade beschriebenen; aber anstelle von Gerbes oder Feuerlöschpumpen ist es mit Mörsern beladen, gefüllt mit Schlangen, Crackern usw. und in der Mitte jedes davon befand sich ein mit Sporenfeuer gefüllter Kasten. Die Mörser sollten aus Pappe bestehen, zwei- oder dreimal um einen Zylinder von etwa 10 cm Durchmesser gewickelt und gut mit Leim befestigt sein, wodurch ihre Unter- und Oberseiten daran befestigt werden.

Das Spornfeuer, das den Hauptschmuck dieser Stücke darstellt, wird wie folgt vorbereitet: – Es wurde gesagt, dass Exzellenz niemals erreicht werden kann, ohne entsprechende Schwierigkeiten zu überwinden; Dies wird sicherlich bei der Vorbereitung dieser Komposition bestätigt; Denn nichts kann die Schwierigkeit und Mühe seiner Zubereitung übertreffen, und nichts kann die Schönheit seines Aussehens übertreffen, *wenn es richtig zubereitet wird* . Es soll eine Erfindung der Chinesen sein und ist mit Sicherheit die schönste und merkwürdigste, die es je gab.

Das Hauptaugenmerk bei der Zubereitung liegt darauf, dass die Zutaten von höchster Qualität sind. Daneben wird der Brunnen gemahlen und miteinander vermischt.

Das Verhältnis der Zutaten beträgt viereinhalb Pfund Salpeter, zwei Pfund Schwefel und ein Pfund acht Unzen Ruß. Eine große Schwierigkeit besteht darin, diese Zutaten miteinander zu vermischen. Es ist am besten, zuerst den Salpeter und den Schwefel zusammen zu sieben und sie dann in einen Marmormörser zu geben, zusammen mit dem Ruß, der nach und nach mit einem hölzernen Stößel zerkleinert werden muss, bis alle Zutaten aus einem Guss sind Farbe, die etwas gräulich sein wird, aber eher zu Schwarz tendiert; Wenn dies erledigt ist, fahren Sie ein wenig in einen Fall hinein, um ihn vor Gericht zu stellen, und feuern Sie ihn an einem dunklen Ort ab. Wenn Funken in Form von *Sternen* oder *Rosa und in Büscheln* austreten und sich ohne weitere Funken gut ausbreiten, kann dies als gut angesehen werden. Wenn es schlackig erscheint und die Sterne nicht voll sind, ist es nicht ausreichend gemischt; Wenn die Nelken jedoch sehr klein sind und bald brechen, deutet dies auf übermäßiges Reiben hin. Wenn der Überschuss groß ist, wird es zu heftig sein und kaum Sterne zeigen; wenn andererseits das Reiben oder die Mischung fehlerhaft ist, wird es zu schwach sein und nichts als einen dunklen oder schwarzen Rauch erzeugen.

Diese Zusammensetzung wird im Allgemeinen in 1- oder 2-Unzen-Kisten mit einer Länge von etwa 5 bis 6 Zoll verpackt. Es muss darauf geachtet werden, es nicht zu stark zu rammen. Die Öffnung am Choak sollte nicht so groß sein, wie es bei anderen Choak-Gehäusen üblich ist.

Es ist etwas bemerkenswert, dass die Komposition durch die Aufbewahrung in den Kisten verbessert werden sollte; aber man hat herausgefunden, dass sie immer besser spielen, wenn man sie eine Zeit lang stehen lässt, nachdem sie gefüllt sind.

Bei der Vorbereitung der Pyramide aus Blumentöpfen müssen die Spornfeuerhülsen in der Mitte der Mörser platziert und durch Anführer verbunden werden, damit sie alle zusammen abgefeuert werden können. Die Fälle spielen sich zunächst sehr hübsch ab; und wenn sie erschöpft sind, überträgt sich das Feuer von ihnen auf das Pulver am Boden der Mörser, und wenn diese plötzlich Feuer fangen, explodieren alle gleichzeitig und zerstreuen ihre leuchtenden Splitter in die Luft; Die Schlangen zischen, die Cracker hüpfen und die beleuchteten Sterne fliegen in alle Richtungen, was für beträchtliche Belustigung und Überraschung sorgt und einen hervorragenden Abschluss einer kleinen Ausstellung bildet.

Diese schöne Komposition ist auch für andere Darstellungen geeignet, von denen viele ohne die geringste Gefahr sowohl in einem Raum als auch im Freien ausgestellt werden können; Es ist wirklich von so harmloser Natur, dass man es (wenn auch zu Unrecht) ein *kaltes Feuer* nennen kann ; Denn man hat herausgefunden, dass die Funken, wenn sie gut gemacht sind, ein Taschentuch nicht verbrennen, wenn man es in die Mitte hält; sie können mit vollkommener Sicherheit in der Hand gehalten werden; Wenn die Funken eine kurze Distanz auf die Hand fallen, fühlt man sie wie Regentropfen.

Eine hübsche Ausstellung kann dadurch entstehen, dass man eine Reihe von Feuerstellen um eine durchsichtige Pyramide aus Papier legt und sie in einem Raum oder im Freien abfeuert. In allen Fällen und bei jeder Art von Ausstellung ist dieses Feuer sehr schön und wird die Arbeit der Vorbereitung immer belohnen.

Räder.

7. RÄDER.

Für diese Art von Feuerwerk gibt es eine große Vielfalt an Formen. Sie werden so genannt, weil sie im Allgemeinen die Form von Rädern haben, mit einer Nabe und strahlenförmig von der Mitte ausgehenden Speichen; An den Enden der letzteren befinden sich angepasste geladene Hülsen vom Raketentyp ohne Köpfe. auf eine solche Weise, dass der Schwanz des einen mit dem Kopf des anderen verbunden wird, wodurch sie nacheinander Feuer fangen und eine kontinuierliche Drehung des Apparats, an dem sie befestigt sind, aufrechterhalten.

Diese Räder sind entweder vertikal oder horizontal, einzeln oder doppelt. Eine einzelne Vertikale oder Horizontale kann auf die in Art. beschriebene Weise hergestellt werden. 6, Raketen.

Eine einzelne Horizontale.

8. EINE EINZELNE HORIZONTALE

Kann durch die folgende Anordnung der Rakete gefälliger gestaltet werden. Stellen Sie ein Rad bereit, mit Nabe, Spindel und Speichen wie zuvor; und für die Felle reicht ein breiter Fassbinder von geeigneter Größe, der an das Ende der Speichen genagelt wird, sehr gut aus. Nachdem das Rad auf diese Weise vorbereitet wurde, müssen die Hülsen fest daran befestigt werden, und zwar mittels eines starken Packfadens, wobei Schlaufen durch den Umfang verlaufen. und zwar so, dass ihre Köpfe und Schwänze, wenn sie aufeinander folgen, abwechselnd nach oben und unten geneigt sein können und ebenso, wenn sie fixiert sind, sehr nahe beieinander liegen.

Nachdem Sie dies getan haben, müssen Sie vom Ende eines Koffers bis zum Mund des nächsten folgenden ein Vorfach tragen und es gut sichern, indem Sie Papier um beide Verbindungen kleben: – in dieses geklebte Papier sollte etwas Mehlpulver gegeben werden, Dies dient dazu, das Papier wegzublasen, und hinterlässt keine Hindernisse für das Feuer durch die Hüllen. Befestigen Sie an der Spindel, auf der sich das Rad dreht, ein Gehäuse derselben Art wie am Rad; die von einem Anführer aus der Mündung des letzten Gehäuses auf dem Rad abgefeuert werden muss, wobei das Gehäuse nach unten spielen sollte. Das Rad wird erheblich verbessert, wenn Sie anstelle einer gewöhnlichen Kiste in der Mitte eine Kiste aus chinesischem Feuer anbringen, deren Länge ausreicht, um drei Kisten auf dem Rad zu verbrennen. In allen Fällen (mit Ausnahme des ersten) sollten auf jedem Rad ein oder zwei Schöpfkellen voll langsamer Flamme gefahren werden, in jedem Teil des Falles: Am Ende eines oder zweier alternativer Fälle können Sie auch einen rammen eine Schöpfkelle voll totgebrannter Zusammensetzung, die sehr leicht gerammt werden muss; Viele andere Veränderungen im Erscheinungsbild können durch abwechselndes Einstampfen von Zusammensetzungen verschiedener Ordnungen hervorgerufen werden.

Horizontale Räder werden häufig zu zweit oder zu dritt gleichzeitig abgefeuert; und wenn sie auf die gleiche Weise vorbereitet sind, werden sie den Takt miteinander einhalten. Wenn dies so angeordnet ist, wird das langsame oder tote Feuer weggelassen. Diese Räder können einen Durchmesser von zehn bis zwanzig Zoll haben.

Ein horizontales Rad mit befestigten Gehäusen ist in Abb. dargestellt. 26 .

Mehrere Räder.

9. MEHRERE RÄDER.

So genannt, da mehrere von ihnen auf derselben Achse befestigt sind; Sie sind im Allgemeinen horizontal und in Nummer drei. Der Durchmesser des mittleren Rads kann etwas kleiner sein als der der anderen beiden.

Die Koffer müssen an den Enden der Speichen in speziell ausgeschnittenen Kerben befestigt werden, oder es können Halbzylinder aus Zinn an die Enden der Speichen genagelt und die Koffer darin festgebunden werden. Die unteren Gehäuseteile sollten schräg nach oben zeigen; die Mitte liegt horizontal; und die Großbuchstaben schräg nach unten. Die Anführer müssen so angeordnet sein, dass die Hüllen zuerst nach oben, dann nach unten und dann horizontal durch die gesamten Sets brennen können. Wenn man am Ende des letzten Falles zwei oder drei Pfannen voll langsamem Feuer hineintreibt, wird es so lange brennen, bis das Rad seinen Lauf gestoppt hat; und wenn die anderen Fälle in umgekehrter Weise befestigt werden, dreht sich das Rad in der entgegengesetzten Richtung und hat ein angenehmes Aussehen. Für den Fall oben auf der Achse kann eine Gerbe gut verwendet werden; Der Körper an den Speichen sollte mit einer starken Brillantladung gefüllt sein.

Spiralräder.

10. SPIRALRÄDER.

Diese unterscheiden sich in ihrer grundsätzlichen Konstruktion nur wenig von den oben genannten: Im Folgenden sind die wichtigsten Unterschiede aufgeführt. Das Kirchenschiff sollte etwa sieben Zoll lang sein; statt einer Spindel oben ein Loch für die Befestigung des Gehäuses bohren; Im Kirchenschiff müssen oben und unten zwei Speichensätze befestigt werden. die Speichen sollten nicht länger als etwa sieben Zentimeter sein; Die Kisten müssen so platziert werden, dass die oberen Kästchen nach unten und die unteren Kisten nach oben spielen, das dritte oder vierte Kästchen muss jedoch horizontal spielen. Der Fall in der Mitte kann mit jedem der anderen beginnen; Für jeden Satz genügen sechs Speichen , so dass das Rad bis auf die obere zwölf Speichen enthalten kann: Die Speichen sollten etwa sieben Zoll lang sein.

Beleuchtete Spiralräder.

11. BELEUCHTETE SPIRALRÄDER.

Stellen Sie ein horizontales Rad mit kompletten kreisförmigen Profilen bereit, das einen Durchmesser von etwa zwei Fuß und sechs Zoll haben sollte; Befestigen Sie an seinem Umfang und in gleichen Abständen voneinander drei Stücke von etwa vier Fuß langem Lichtdetail und verbinden Sie sie oben mit einem zylindrischen Block von etwa drei Zoll Durchmesser. Dieser Block muss senkrecht zu dem des darunter liegenden Rades stehen. Nachdem das Rad so weit vorgerückt ist, nehmen Sie eine dünne, flexible Latte oder einen Ring. Nachdem Sie ein Ende an die Unterseite eines der Pfostenstücke genagelt haben, wickeln Sie es spiralförmig vom Rad bis zum oberen Block um die drei Pfosten. an dem das andere Ende befestigt werden muss; auf der Oberseite des Blocks eine Kiste mit chinesischem Feuer anbringen; Auf das Rad können beliebig viele Kisten gelegt werden, die nach unten geneigt sein sollten, und zwei auf einmal verbrennen. Wenn das Rad zehn Gehäuse hat, können die Beleuchtung und das chinesische Feuer mit dem zweiten Gehäuse beginnen.

Die Achse für dieses Rad muss durch die untere Nabe und in den Block oben verlaufen.

Dieses Rad kann leicht zu einem Doppelspiralrad verarbeitet werden, indem man in entgegengesetzter Richtung eine weitere Leiste darum wickelt und es auf ähnliche Weise bespannt. Oben auf beiden kann eine Kiste mit Spornfeuer, bernsteinfarbenem Licht oder einem anderen Gegenstand platziert werden, den der Pyrotechniker für angemessen hält.

Ballonräder.

12. BALLONRÄDER.

Dabei handelt es sich um horizontale Räder, die im Allgemeinen aus massivem, 2,5 cm dickem Ulmenholzbrett mit einem Durchmesser von etwa 60 cm bestehen. Ordnen Sie auf der Oberseite Töpfe mit einem Durchmesser von drei Zoll und einer Höhe von etwa sechs Zoll an und befestigen Sie sie in einer Anzahl, die der Anzahl der Kästen auf dem Rad entspricht. In der Nähe des Bodens jedes Topfes machen Sie eine kleine Öffnung, in die jeweils ein Vorfach vom Schwanz eingeführt wird von jedem Fall; Die Töpfe können mit Sternen, Crackern, Schlangen usw. beladen sein. Während sich die Räder drehen, werden die Töpfe nacheinander abgefeuert und eine große Vielfalt an Feuern in die Luft geschleudert, die in zahlreichen und unterschiedlichen Richtungen ein angenehmes Schauspiel bieten.

13. BODENRÄDER.

Diese sind von sehr einfacher Konstruktion. Stellen Sie zwei leichte Räder mit einem Durchmesser von zwei bis drei oder vier Fuß bereit. Sie müssen fest an einem quadratischen Achsbaum befestigt sein oder so, dass sie sich nicht darauf drehen können. Die Achse kann etwa einen Meter lang sein. Dann soll in der Mitte dieser Achse ein Feuerrad fest befestigt werden, dessen Durchmesser so viel kleiner sein muss, dass es, wenn die Koffer daran befestigt werden, völlig frei vom Boden ist; Es muss darauf geachtet werden, dass dieses Mittelrad im rechten Winkel zur Achse befestigt wird, da es sonst bei der Bewegung nicht in gerader Richtung bleibt. Wenn nun der erste Fall abgefeuert wird, ist es offensichtlich, dass dem Feuerrad Bewegung verliehen wird, das fest an der Achse der anderen befestigt ist, was zur Folge hat, dass dem Ganzen eine absolute [16] Bewegung verliehen wird Gerät; die, wenn sie auf ebenem Boden aufgestellt werden, eine Entfernung zurücklegen, die proportional zur Anzahl und Stärke der verwendeten Kisten ist.

Durch Anbringen eines zweiten Satzes von Gehäusen, die so angeordnet sind, dass sie Feuer fangen, wenn der erste Satz verbraucht ist, kehrt das Rad (das auf ebenem Boden läuft) an die gleiche Stelle zurück, von der es seinen Primärimpuls erhielt.

Diese Art von Rädern bietet bei sorgfältiger Konstruktion ein sehr angenehmes Vergnügen. Es ist leicht zu erkennen, dass viele andere Zierstücke von geringerer Größe an derselben Achse befestigt werden können: – Ein gut ebener Schulboden ist für die Ausstellung dieses Artikels günstig.

Horizontal wurde in ein vertikales Rad geändert.

14. HORIZONTAL IN EIN VERTIKALES RAD GEÄNDERT.

Das Rad dafür sollte einen Durchmesser von etwa 90 cm haben. Befestigen Sie an seinem Umfang sechzehn mit brillanter Ladung gefüllte Halbpfundhülsen, von denen jeweils zwei gleichzeitig brennen sollten. An jedem Ende des Kirchenschiffs muss sich ein Rohr oder Fass aus Zinn oder Messing befinden, dessen Durchmesser etwas geringer ist als der des Kirchenschiffs und dessen Höhe etwa sechs Zoll beträgt. Das ist die Konstruktion des Rades. Der Ständer, an dem es befestigt werden soll, ist wie folgt: Setzen Sie einen Pfosten aus beliebigem Holz, etwa 10 cm im Quadrat, fest in den Boden und stehen Sie etwa 1,5 m hoch. Dann sägt man von oben etwa zwei Fuß ab, das Stück muss an der Stelle, wo es geschnitten wurde, wieder zusammengefügt werden, mit einem starken Scharnier auf einer Seite, so dass es vor dem Ständer auf und ab gehoben werden kann; Befestigen Sie an der Oberseite des Unterteils, der Seite, auf die der bewegliche Teil fällt, einen sehr starken Bügel, der etwa einen Fuß über den Pfosten hinausragt. und an dessen Ende sich ein Zapfen befindet, der einem Zapfen entspricht, der in den beweglichen Teil eingearbeitet ist, so dass er, wenn er herunterfällt, fest daran befestigt werden kann; Dies muss unbedingt beachtet werden, da sonst die Kraft, mit der sich das Rad dreht, wenn es vertikal ist, dazu führen kann, dass es vom Scharnier abreißt. Nageln Sie auf der dem Scharnier gegenüberliegenden Seite des kurzen Pfostens ein Stück Holz fest, das etwa 18 Zoll über den unteren Teil des Pfostens hinausragt und an dem es nur mit einem Stück Schnur befestigt werden muss, das ausreicht, um den kurzen Pfosten zu halten Teil senkrecht; Befestigen Sie an der Spitze des letzteren eine zehn bis zwölf Zoll lange Spindel. auf diese Spindel stecke das Rad; Fixieren Sie dann eine strahlende Sonne mit einem einzigen Glanz, dessen Durchmesser etwa sechs Zoll kleiner sein muss als der des Rades. Wenn das Rad schussbereit ist, zünden Sie zuerst den Radteil an und lassen Sie ihn horizontal laufen, bis vier Hülsen verbraucht sind. Tragen Sie dann vom Ende der vierten Hülse ein Vorfach in das Blechrohr, das sich über das Ende des Ständers dreht. Dieser Anführer muss von einem anderen getroffen werden, der durch die Spitze des Pfostens aus einem mit einer starken Backbordfeuerladung gefüllten Koffer geführt und an den unteren Pfosten gebunden wird, wobei sein Maul auf die Schnur gerichtet ist, die den oberen Teil des Pfostens hält , so dass, wenn dieses Gehäuse angezündet wird, die Schnur verbrannt wird und das Rad nach unten fällt, wodurch es vertikal wird; Tragen Sie dann aus dem letzten Fall des Rades ein Vorfach in das Fass neben der Sonne, das seine Schönheit entfalten wird, sobald das Rad aufgehört hat.

Die plötzliche Veränderung dieses Stücks macht es für den Betrachter sehr überraschend und angenehm und verleiht ihm große Aufmerksamkeit.

Vertikales Scrollrad.

15. VERTIKALES SCROLLRAD.

Ein Rad dieser Art kann jeden Durchmesser haben. Das Kirchenschiff kann mittelgroß sein und vier Speichen im rechten Winkel zueinander befestigen, die mit dem Unterteil oder Umfang verbunden sind. Rund um letzteres müssen Sie eine beliebige Anzahl von Hafenfeuern anbringen: Auf der Vorderseite der Speichen formen Sie mit einem starken Eisendraht eine Spirale oder Spirale, deren Abmessungen proportional zum Rad sind, beginnend in der Mitte; Auf dieser Schriftrolle sind Hüllen aus leuchtendem Feuer gebunden, die nicht zu groß sein sollten, und Kopf an Schwanz platziert, wie bei anderen ähnlichen Anordnungen. Zuerst muss die Hülse abgefeuert werden, die am weitesten von der Mitte entfernt ist und über die größte Kraft verfügt, um das Rad in Bewegung zu setzen. Die Hafenfeuer können vor, gleichzeitig oder nach der Schriftrolle erfolgen.

Dieses Rad kann zu einem weitaus verzierteren und komplexeren Rad verarbeitet werden. Auf den Speichen könnte eine doppelte Schnecke geformt sein, ebenso wie auf dem Umfang ein doppelter Satz von Hafenfeuern; Ein Topf in der Mitte würde sich ohne weiteres anbieten.

Bemerkungen zu Rädern.

ANMERKUNGEN ZU RÄDERN.

Bei allen Artikeln der Radart muss der Tyro darauf achten, die Stärke seiner Zusammensetzung für Koffer zu erhöhen, da seine Räder im Durchmesser zunehmen; Denn eine Rakete, die für ein 24-Zoll-Rad geeignet ist, wird für ein viel größeres Rad nicht gut funktionieren.

Die folgende Regel hierfür kann in vielen Fällen nützlich sein: Teilen Sie den Durchmesser Ihrer Räder, gemessen in Zoll, in drei Teile, und Sie erhalten die Länge Ihrer Koffer, und im Allgemeinen innerhalb von eins die Anzahl, die benötigt wird, um zu fahren runden Sie es ab. Angenommen, Ihr Rad hat einen Durchmesser von 24 Zoll, dividieren Sie durch 3; $^{24}/_3$ entspricht 8, was ungefähr der Länge Ihrer Gehäuse entspricht: und 7 : 22 :: 24 : 528, was $^{528}/_7 = 75{,}3$ und $^{75}/_8 = 10$ dividiert, entspricht 10, der Anzahl der 8-Zoll-Gehäuse wird dauern, um den Umfang zu umrunden.

Dabei handelt es sich nicht um eine besondere, sondern um eine allgemeine Regel; oder eine, die ein wenig bei der Anordnung dieser Artikel hilft.

Um den Tannenbaum darzustellen.

16. DEN TANNENBAUM DARSTELLEN.

Stellen Sie einen Pfosten bereit, der sechs bis sieben Fuß lang und drei Zoll im Quadrat ist. Befestigen Sie dann auf der anderen Seite, neun Zoll von der Oberseite entfernt, vier kurze Stifte, damit sie in die Innenseite der Koffer passen. neun Zoll von diesen festen ähnlichen Stiften entfernt; Neun Zoll tiefer sind andere, die dem letzten ähnlich sind; und von diesen, im gleichen Abstand, andere Stifte befestigen; alle diese vier Sätze müssen nach oben geneigt sein; Unter ihnen muss im gleichen Abstand ein weiteres, nach unten geneigtes Set befestigt werden, wobei die Neigungswinkel insgesamt etwa fünfundvierzig Grad vom aufrechten Pfosten betragen dürfen. Platzieren Sie oben auf dem Pfosten einen 10 cm großen Mörser, der mit Sternen, Regen, Crackern usw. beladen ist. Platzieren Sie in der Mitte dieses Mörsers einen Behälter mit einer beliebigen Ladung, die zusammen mit den anderen abgefeuert wird, und füllen Sie ihn mit einer Brillantladung. Der Baum kann in jeder beliebigen Größe hergestellt werden und je nach Wunsch des Betreibers können auch andere Verzierungen verwendet werden.

Eibe des strahlenden Feuers.

17. EIBE DES STRAHLENDEN FEUERS.

Stellen Sie ein etwa 1,20 m langes, 5 cm breites und 1,2 cm dickes Stück Holz bereit; Befestigen Sie oben auf der flachen Seite einen Reifen mit einem Durchmesser von etwa 14 Zoll. und rund um seinen Rand und an der Vorderseite Platzbeleuchtungen und in der Mitte ein fünfzackiger Stern; Dann platzieren Sie auf jeder Seite etwa 18 Zoll vom Rand des Reifens entfernt zwei 12-Zoll-Kisten mit strahlendem Feuer. Darunter platzieren Sie zwei weitere Kisten gleicher Größe und in einem solchen Abstand, dass ihre Mündungen sie oben fast treffen können; Befestigen Sie dann nahe an den Enden zwei weitere gleiche Gehäuse, die parallel zu den anderen stehen müssen. Nachdem die Fälle so festgelegt sind, müssen die Anführer so angebracht werden, dass die Beleuchtungen und Sterne an der Spitze alle gleichzeitig in Flammen aufgehen können. Abb. 27 zeigt die Anordnung des Artikels.

Feuerkugeln behoben.

18. FESTE FEUERKUGELN.

Diese Artikel sind in zwei Arten unterteilt, einen mit projizierten Fällen und einen mit verdeckten Fällen.

Stellen Sie für einen Globus mit verdecktem Gehäuse einen Kugelglobus mit beliebigem Durchmesser bereit; Teilen Sie die Oberfläche in vierzehn gleiche Teile und bohren Sie in jede Teilung ein Loch senkrecht zur Mitte. in jedes Loch außer einem (das für die Spindel reserviert sein muss, an der es befestigt werden muss) eine mit Brillantladung oder einer anderen Ladung gefüllte Hülse einführen; Die Mündungen der Kisten müssen auf gleicher Höhe mit der Erdoberfläche sein. Aus den Mündungen der einzelnen Hülsen musste eine Rille geschnitten und ein Vorfach hineingelegt werden, um sie insgesamt abzufeuern. Der Globus muss mit Papier bedeckt und auf eine Weise bemalt werden, die der Tyro für richtig hält. Nach dem Trocknen wird es auf der Spindel befestigt und ist zur Ausstellung bereit.

Für geplante Fälle. —Die Vorbereitung ist fast gleich; Der Unterschied besteht nur darin, dass jedes Gehäuse etwa zur Hälfte oder zu zwei Dritteln seiner Länge aus dem Globus herausragt. Ihre Münder sollen zu dem gleichen Zweck wie zuvor durch Anführer verbunden und auf die gleiche Weise zur Schau gestellt werden.

Kugeln, die auf dem Boden springen oder rollen.

19. GLOBEN, DIE AUF DEM BODEN SPRINGEN ODER ROLLEN.

Konstruieren Sie nach Belieben einen hohlen Holzglobus in beliebiger Größe; es muss sowohl innen als auch außen sehr rund sein; seine Dicke muss etwa dem neunten Teil seines Durchmessers entsprechen. In diesen Globus wird ein kleiner Holzzylinder (A Abb. 28) eingesetzt, dessen Breite etwa einem Fünftel des Durchmessers des Globus entspricht und dessen Dicke etwa halb so groß ist wie die des dito. Von gleicher Größe und gegenüber diesem Zylinder muss eine weitere Öffnung vorhanden sein. Durch diese letztere Öffnung wird das Feuer auf die Kugel übertragen, wenn sie durch das untere Ende mit der richtigen Zusammensetzung gefüllt wurde; und dadurch haben Sie die Bequemlichkeit, eine Petarde oder einen Bericht aus Metall, gefüllt mit feinkörnigem Pulver, über die Innenseite der Öffnung zu füllen und zu platzieren, wie es allgemein üblich ist; außer dieser Petarde sollen noch vier oder fünf weitere ähnlicher Art, nur dass sie nicht in Metallgehäusen sein müssen, eingesetzt werden; Sie müssen mit feinkörnigem Pulver gefüllt sein, das bis in ihre Öffnungen gefüllt ist. Die Zusammensetzung zum Füllen des verbleibenden Hohlraums des Globus besteht aus einem Pfund gemahlenem Schießpulver, sechs Pfund Salpeter, drei Pfund Schwefel, zwei Pfund Eisenspänen und einem halben Pfund griechischem Pech. Diese Zusammensetzung erfordert nicht viel Mahlen oder Sieben; Es reicht aus, wenn die verschiedenen Zutaten gut eingearbeitet sind. Es sollte nicht ganz trocken zubereitet werden, sondern mit etwas von einer der zuvor genannten Flüssigkeiten.

Eine wie oben vorbereitete Kugel wird beim Abfeuern mit einem an der Öffnung A befestigten Streichholz hüpfen und springen, während sie brennt, oder entsprechend der zufälligen Explosion der Petarden, die durch die Zusammensetzung in Brand gesetzt werden.

Anstatt diese Petarden im Inneren anzubringen, können sie auch an der Außenfläche des Globus befestigt werden, wo sie rollen und springen, während sie nach und nach in Brand geraten. Sie können auf der Erdoberfläche in beliebiger Weise angeordnet sein, sofern zwischen ihnen eine Verbindung mittels Leitern hergestellt wird.

In der Anordnung und Form dieser Globen können viele Unterschiede gemacht werden, die dem genialen Praktiker leicht in den Sinn kommen werden; wie zum Beispiel eine Anordnung von Raketen im Inneren, deren Kopf und Schwanz zusammengelegt sind; Sollte der Globus jedoch aus Papier oder Pappe bestehen, aus zwei gleichen Halbkugeln bestehen und durch Papier miteinander verbunden sein, muss das Streichholz durch ein

Loch im Globus angebracht werden, das gegenüber der Mündung der ersten Rakete angebracht ist. Diese Raketen sollten keine Petarden an der Spitze haben. Hierbei ist zu beachten, dass die Kugeln an verschiedenen Stellen perforiert sein müssen, da sie sonst durch die Verbrennung der Masse zerplatzen.

Bei der Verwendung als Wasserkugeln muss darauf geachtet werden, die untere Öffnung I, K zunächst mit einem Tompion oder Holzstopfen und anschließend mit etwas geschmolzenem Pech zu verschließen und zu verschließen; Letzteres kann auf der ganzen Welt verteilt werden, um es vor dem Wasser zu schützen. Über dem Pfropfen am Boden und vor dem Auftragen des Pechs muss eine solche Menge Blei geschmolzen werden, dass die Kugel im Wasser versinkt, bis nur noch der Teil A über ihrer Oberfläche übrig bleibt. Dies ist der Fall, wenn das Gewicht des Globus und seines Inhalts mit daran befestigtem Blei dem Gewicht eines gleichen Wasservolumens entspricht. Wenn die Kugel dann ins Wasser gelegt wird, wird die Öffnung I, K aufgrund ihrer überlegenen Schwerkraft direkt nach unten tendieren und den Zylinder A in einer senkrechten Position halten, auf den zuvor Feuer angewendet worden sein muss.

Bevor die Bleimenge freigelegt wird, sollte ein Versuch durchgeführt werden, der leicht durchzuführen ist. Die genannten Figuren stellen einen Globus in unterschiedlicher Anordnung dar.

Mond und sieben Sterne.

20. MOND UND SIEBEN STERNE.

Stellen Sie ein rundes Brett mit einem Durchmesser von etwa 1,50 m bereit. und aus der Mitte ein Stück mit etwa 14 Zoll Durchmesser herausschneiden; Dann legte man über die Öffnung ein Stück weiße persische Seide und malte darauf das Gesicht eines Mondes. Zeichnen Sie über die gesamte große Tafel einen siebenzackigen Stern, der im Umfang endet. Dann wurden auf den Linien, die den Stern bildeten, in geringem Abstand voneinander mehrere Löcher gebohrt, in denen spitze Sterne befestigt wurden. Schneiden Sie in jeden Zwischenraum zwischen den Spitzen dieses großen Sterns einen fünfzackigen Stern aus und bedecken Sie jeden mit geölter Seide.

Wenn dies ausgestellt werden soll, befestigen Sie es auf einer Spindel vor einem Pfosten, mit einem Rad aus strahlendem Feuer hinter der Vorderseite. so dass, während das Rad brennt, der Mond und die Sterne durchsichtig erscheinen; und wenn das Rad aufgehört hat zu brennen, werden sie verschwinden, und der große Stern vorn, der aus den spitzen Sternen besteht, wird beginnen und durch eine Kommunikationsröhre vom letzten Kasten des vertikalen Rades hinter dem Mond beleuchtet werden, der sein muss erfolgt wie in einem vorangehenden Artikel beschrieben.

Sonnen fest und beweglich.

21. SONNEN FEST UND BEWEGLICH.

Unter den verschiedenen amüsanten pyrotechnischen Erzeugnissen gibt es keines, das schöner ist oder ein größeres Vergnügen bietet als die unter der Bezeichnung „Sonnen". Es gibt verschiedene Arten: fest, beweglich und durchsichtig; Sie sind alle einfach aufgebaut.

Befestigen Sie Sonnen auf folgende Weise: – Stellen Sie ein Kirchenschiff aus Holz bereit und befestigen Sie darin vierzehn oder sechzehn Teile in Form von Radien. und an diesen Radien befestigen Sie Feuerstrahlen, wobei die Mündungen der Strahlen zum Umfang zeigen. Ein Streichholz muss so angelegt werden, dass das Feuer, das in der Mitte übertragen wird, gleichzeitig zu den Mündungen jedes Strahls übertragen werden kann; Dadurch wird jeder, der sein Feuer wirft, wie eine strahlende Sonne aussehen. Das Rad muss in vertikaler Position befestigt werden.

Die Düsen können so angeordnet sein, dass sie einander in einem Winkel kreuzen; In diesem Fall haben Sie anstelle einer Sonne einen Stern oder eine Art Kreuz, das dem von Malta ähnelt. Einige dieser Sonnen bestehen auch aus mehreren Düsenreihen; Wenn sie so angeordnet sind, werden sie *Herrlichkeiten genannt* .

Das Rad oder die Sonne kann durch Anbringen von Düsen in Umfangsrichtung, deren Köpfe und Schwänze zusammenliegen, in Drehung versetzt werden. Wenn das Rad schwer ist, müssen vier der Raketen gleichzeitig abgefeuert werden, und zwar auf folgende Weise: Angenommen, es werden zwanzig Patronen verwendet, muss das Feuer gleichzeitig auf die erste, die sechste, die elfte und die sechzehnte übertragen werden; Von dort aus geht es weiter zum zweiten, siebten, zwölften, siebzehnten und so weiter. Diese vier Raketen sorgen dafür, dass sich das Rad schnell dreht.

Wenn zwei ähnliche Sonnen mit horizontalen Achsen hintereinander platziert und in entgegengesetzte Richtungen gedreht werden, erzeugen sie einen sehr angenehmen Kreuzfeuereffekt.

Drei oder vier Sonnen, die auf einer ähnlichen Achse angeordnet sind, könnten in einer vertikalen angebracht und in der Mitte eines Tisches beweglich sein. die um sie herum kreisen, scheinen einander zu verfolgen. Sie müssen fest auf ihrer Achse fixiert sein und diese Achse muss sich in der aufrechten Achse in der Mitte des Tisches drehen; und an der Stelle, wo sie auf dem Tisch liegen, sollten sie mit einer sehr beweglichen Rolle versehen sein.

Für eine durchsichtige Sonne muss eine vorbereitete, in geeigneter Weise bemalte Fläche aus geöltem Papier oder persischer Seide bereitgestellt und fest auf einen Reifen gespannt werden, der von starken Drahtstücken sechs bis sieben Zoll vom Rad entfernt getragen werden muss , damit sein Licht das Gesicht erleuchtet. Auf die gleiche Weise können vor einer Sonne die Worte *Farewell* , *Vivat Rex* oder *Apollo* oder eine andere Figur auf die Seide gemalt werden.

Manchmal ist ein kleines sechseckiges Rad an der Nabe des großen Rades befestigt, dessen Gehäuse mit der gleichen Ladung wie das andere gefüllt sein müssen; zwei davon müssen gleichzeitig brennen und mit den anderen beginnen.

Für eine Sonne mit einem Durchmesser von fünf Fuß sollten die Behälter acht Unzen fassen und mit einer Masse von etwa zehn Zoll gefüllt sein. Bei größeren Rädern müssen die Koffer im richtigen Verhältnis dazu stehen.

Komposition zur Darstellung von Tieren.

22. KOMPOSITION ZUR DARSTELLUNG VON TIEREN UND ANDEREN GERÄTEN IM FEUER.

Reduzieren Sie etwas Schwefel zu einem unfühlbaren Pulver, formen Sie es mit Stärke zu einer Paste und bedecken Sie damit die Figur, die Sie in Flammen darstellen möchten. Um ein Verbrennen zu verhindern, muss die Figur zunächst mit Ton überzogen werden.

Wenn die Figur mit dieser Paste bedeckt ist, bestreuen Sie sie, solange sie noch feucht ist, ein wenig mit pulverisiertem Schießpulver; und wenn das Ganze völlig trocken ist, legen Sie einige kleine Streichhölzer auf die Hauptteile davon, damit das Feuer schnell von allen Seiten darauf übertragen werden kann.

Mit der gleichen Methode können Girlanden, Girlanden und andere Ornamente geformt werden, deren Blumen durch Feuer in verschiedenen Farben nachgeahmt und auf jeder verputzten Architektur angeordnet werden können.

Wasserfeuerwerk.

WASSERFEUERWERK.

Obwohl Feuer und Wasser von sehr gegensätzlicher Natur sind, gibt es doch viele Feuerwerkskörper, die brennen und ihre Wirkung entfalten, selbst wenn sie in ihr entgegengesetztes Element eingetaucht werden; Diese Raketen sind die erfreulichsten. Sie können zwischen 4 Unzen und 2 Pfund wiegen. Die Hülsen werden wie die für Himmelsraketen hergestellt und unterscheiden sich nur in der Dicke, die etwas größer sein sollte, und in der Art der Füllung, wobei letztere die eigenartigste ist und eine Vielzahl von Zusammensetzungen erfordert, die in abwechselnden Schichten gerammt werden , um sie abwechselnd tauchen und schwimmen zu lassen. Die Zusammensetzungen bestehen hauptsächlich aus drei Arten, nämlich aus zwei Unzen Schwefel, vier Unzen Salpeter, eineinhalb Unzen Mehl und etwa einer Viertelunze Antimon. Die zweite Art, eine *sinkende Ladung genannt* , besteht aus acht Unzen Mehlmehl und einer Dreiviertelunze Holzkohle. Die dritte, *gewöhnliche Ladung genannt* , besteht aus Mehl, Salpeter, Schwefel und Holzkohle und variiert in den folgenden Verhältnissen: Manchmal wird ihnen eine kleine Portion Seekohle oder Sägemehl beigemischt.

1. Mehlmehl sechs Pfund, Salpeter drei Pfund, Holzkohle fünf Pfund.

2. Mehlmehl vier Pfund, Salpeter vier Pfund, Schwefel zwei Pfund.

3. Mehlmehl vier Unzen, Salpeter ein Pfund, Schwefel achteinhalb Unzen, Holzkohle zwei Unzen.

4. Mehlmehl ein Pfund, Salpeter drei Pfund, Schwefel ein Pfund, Holzkohle neun Unzen.

5. Salzpeter ein Pfund, Schwefel viereinhalb Unzen, Holzkohle sechs Unzen.

Beim Füllen wird zunächst eine Kelle voll Slow-Fire in den Behälter gerammt; dann ein oder zwei sinkende Ladungen; Die gemeinsame und die sinkende Ladung werden abwechselnd bis auf etwa zwei Durchmesser von der Oberseite platziert. Über die letzte Schicht wird eine Kelle voll trockenen Tons gelegt; und eine Perforation bis in die Ladung hinein. Der Rest des Gehäuses nach oben, bis auf etwa einen halben Durchmesser, wird mit Maispulver gefüllt und zwei oder drei Falten des Papiers darüber geschlagen; wenn das Stampfpapier am Ende mit einem starken Faden befestigt und anschließend in geschmolzenes Pech oder Wachs getaucht wird. Wenn mehrere Raketen gleichzeitig ins Wasser geworfen werden, sollte darauf geachtet werden, dass diejenigen ausgewählt werden, die gleichmäßig gefüllt und gerammt wurden. Um die Koffer vor der Einwirkung des Wassers zu schützen, ist es selbstverständlich, dass sie entsprechend vorbereitet werden; Dies geschieht durch Überlackieren mit Leinöl oder gewöhnlichem Firnis.

Anführer und Kommunikationsrohre müssen, was ihren Fall betrifft, auf die gleiche Weise vorbereitet werden wie Raketen; das heißt, sie müssen etwas stärker gemacht werden und nach der Befestigung wie zuvor mit Lack überzogen werden; Achten Sie darauf, nicht zu lackieren, bevor Sie mit dem Kleben fertig sind.

Einen Feuerbrunnen für das Wasser bauen.

Stellen Sie einen kreisförmigen Schwimmer mit einem Durchmesser von drei Fuß bereit; Befestigen Sie in der Mitte einen runden Pfosten mit einer Höhe von vier Fuß und einem Durchmesser von etwa zwei Zoll. Um diesen Pfosten herum befestigen Sie drei kreisförmige Räder aus dünnem Holz. Platzieren Sie den größten Teich innerhalb von zwei bis drei Zoll vom Boden, der nicht viel kleiner sein sollte als der Schwimmkörper. Das zweite Rad muss etwa 60 cm groß sein und 60 cm vom ersten entfernt befestigt sein. Das dritte Rad muss einen Durchmesser von 16 Zoll haben und innerhalb von 6 Zoll von der Spitze des Pfostens befestigt sein. Nehmen Sie dann achtzehn 4- oder 8-Unzen-Kisten mit leuchtendem Feuer und legen Sie sie mit der Öffnung nach oben und nach unten geneigt um das erste Rad. Auf dem zweiten Rad platzierst du dreizehn Kisten auf die gleiche Weise wie auf dem ersten. auf der dritten Stelle acht weitere auf die gleiche Weise wie zuvor und auf der Spitze des Pfostens eine Gerbe befestigen; Dann bekleide die Kästen mit Anführern, damit sowohl sie als auch die Gerbes gleichzeitig Feuer fangen können. Bevor Sie diese Arbeit abfeuern, probieren Sie sie am besten im Wasser aus, um zu sehen, ob der Schwimmer richtig gemacht ist, um die Fontäne aufrecht zu halten.

Wasserausstellungen sind fast ebenso zahlreich wie andere Arten, aber wir halten es für völlig sinnlos, mehr zu beschreiben, als wir bereits getan haben; denn viele von ihnen hängen vom Geschmack und Einfallsreichtum des Praktikers ab.

Abschluss.

Bevor wir unser HANDBUCH schließen, werden wir noch einige unserer öffentlichen Feuerwerksvorführungen in London bemerken, denn es vergeht kaum eine Woche, aber wir werden auf unserem Weg durch die geschäftige Stadt von etwa drei bis vier Fuß langen Plakaten mit riesigen Buchstaben aufgehalten abwechselnd Schwarz und Rot und weist uns auf ein großes Feuerwerk in Vauxhall oder einem anderen Vergnügungsort hin.

Diese häufigen Wiederholungen erschüttern sicherlich die allgemein verbreitete Meinung, dass die pyrotechnische Kunst in England im Niedergang begriffen sei. Unsere Theatres Royal schrecken nicht davor zurück, Pyrotechnik zu Hilfe zu rufen, denn wir haben kürzlich eine sehr gute Aufführung im Drury Lane gesehen, als Höhepunkt der Extravaganza von *Giovanni in London*. Das Feuerwerk in Sadler's Wells während der letzten Saison war im Großen und Ganzen sehr gut, obwohl ein begrenztes Theater sicherlich nicht der vorteilhafteste Ort für pyrotechnische Ausstellungen ist. Da dieses Theater den Vorteil von echtem Wasser hat, haben sie gute Möglichkeiten, eine Verbindung der beiden gegensätzlichen Elemente zu bilden; und was sie am letzten Abend ihres Auftritts mit Hilfe von Fontänen und Wasserraketen sicherlich auch taten; – diese Darbietung endete mit dem passenden Motto „ LEBE WOHL “ in strahlendem Feuer.

Die Vorzüge des Feuerwerks in Vauxhall in der letzten Saison waren sehr groß und wurden daher von der Öffentlichkeit gebührend gewürdigt. Sie hatten einen größeren Maßstab als früher und wurden nur bei der Ausstellung im Park im Jahr 1814 durch königliche Pracht übertroffen.

FUSSNOTEN:

[1] *Salpetersäure* ist eine Verbindung aus Azot oder unreiner Luft und Sauerstoff oder lebenswichtiger Luft und wird manchmal durch wiederholtes Einleiten von Elektroschocks durch eine Mischung aus sauerstoffhaltigem und azotischem Gas hergestellt.

[2] *Kali* oder das pflanzliche Alkali wird im Allgemeinen aus Holzasche gewonnen; aber manchmal auch aus dem Weinstein oder aus der Hefe des Weins: Was in England verwendet wird, wird im Allgemeinen aus dem Norden importiert, wo es reichlich Holz gibt, damit es zu diesem Zweck verbrannt werden kann.

Dieses Kalinitrat kommt in natürlicher Form vor, liegt jedoch im Allgemeinen in sehr geringen Mengen vor. In einigen Teilen Persiens und Ostindiens kommt es an der Erdoberfläche vor und ist meist mit einer Art gelblichem Mergel verbunden, den sie aus den Klippen an den Hängen der Hügel graben, die den Nord- und Ostwinden ausgesetzt sind.

[3] *Aluminium* oder *Ton* ; Es kommt in verschiedenen Reinheitsgraden vor und wird mit einer Vielzahl anderer Erden vermischt.

[4] Dies ist Kalk kombiniert mit Schwefelsäure; es wird Gips, Gips, Gipsstein oder Selenit genannt. In einigen Teilen Englands kommt es sehr häufig vor, und die Hügel in der Nähe von Paris bestehen hauptsächlich daraus.

[5] Aus *Pyr* , Feuer, und *Lignum* , Holz; die Säure, die bei der teilweisen Verbrennung von Holz entsteht; Diese Säure wird im Kalikodruck *als Beizmittel* für dunkle Muster verwendet.

[6] Der Name, den Chemiker dem reinen Teil der Holzkohle geben. Es soll in fast allen brennbaren Körpern vorhanden sein und ist an sich ganz von dieser Natur. Wenn Holzkohle verbrannt wird, verbindet sich ihr Kohlenstoff mit dem Sauerstoff der Luft und so viel Hitze, dass er in eine gasförmige Form übergeht und Kohlensäuregas oder feste Luft bildet. Dasselbe Gas wird auch durch die Verbrennung des Diamanten gewonnen, was beweist, dass es sich bei diesem kostbaren und kostbaren Gegenstand um Kohlenstoff oder Holzkohle handelt, die sich in einem sehr verhärteten Zustand befindet und eine bestimmte Form annimmt. Erst kürzlich wurde nachgewiesen, dass der Diamant brennbar ist; aber mit Hilfe des Blasrohrs und eines Sauerstoffgasstroms kann es, um es in der Umgangssprache auszudrücken, vollständig vernichtet werden. Die Luft, die bei der Verbrennung freigesetzt wird, ist Kohlensäuregas, was beweist, dass der Diamant hauptsächlich, wenn nicht sogar vollständig, aus Kohlenstoff bestand.

Lange bevor diese Tatsache in Bezug auf den Diamanten festgestellt wurde, erklärte Sir Isaac Newton aufgrund seiner großen Brechkraft, dass es sich bei ihm um einen der am stärksten brennbaren Körper handele. Moderne Entdeckungen haben diese Tatsache nun bewiesen; und es bietet uns ein bewundernswertes Beispiel für den Scharfsinn dieses großen Philosophen.

Beliebte chemische Aufsätze.

[7] Die Kraft, mit der sich dieses Rad dreht, ist sehr bemerkenswert, da sie in sich die beiden gegensätzlichen Kräfte vereint, die Gegenstand so vieler mathematischer Kontroversen waren, nämlich die Zentrifugalkraft und die Zentripetalkraft: Es mag wie eine Kleinigkeit mit der Wissenschaft erscheinen, sie zu beobachten Diese Kräfte sind in dieser einfachen Produktion vorhanden, aber dass sie darin existieren, ist nicht weniger offensichtlich: denn aus den Umdrehungen der entzündeten Teilchen der Zusammensetzung wird ersteres erzeugt, und aus der Natur und den wohlbekannten Eigenschaften der Evolutenkurve, *cæteris paribus* , letzteres entsteht.

Die Evoluten- und Evolventenkurven besitzen viele bemerkenswerte Eigenschaften, deren Entfaltung keine schwierige Aufgabe wäre, aber da sie für den Pyrotechniker keinen praktischen Nutzen haben könnten, überlassen wir sie denjenigen unserer mathematischen Leser, die sie zu schätzen wissen die Freude, die solche Untersuchungen bereiten. Und für ihre Hilfe verweisen wir sie auf die hervorragenden Schriften von Hutton, Simson, Maclaurin usw. Und zur Sekte. 4, Buch 2, Newtons Principia, wo sie das Thema wunderschön illustriert finden.

[8] In der Antike heißt es, er habe einen Menschen aus Ton oder Erde geformt und das Feuer vom Himmel gestohlen, mit dem er den Menschen, den er geschaffen hatte, belebte.

Heidengottheiten.

[9] Abb. 11 stellt eine Vorrichtung zum Bohren von Raketen dar, wenn diese massiv angetrieben werden. Sollte diese Methode ausprobiert werden, handelt es sich um eine der einfachsten Arten, die verwendet werden können: AB sind zwei bewegliche Blöcke, die an ihren Rändern ausgehöhlt sind, um die Rakete aufzunehmen. CD sind jeweils zwei Schrauben, die durch zwei Seiten des Rahmens gehen, um sie zu befestigen. E ist eine Stütze, die ein Muschelgebiss in den für die Rakete passenden Abmessungen trägt. Abb. 16 ist ein ähnlicher Bohrer, der in einem Griff befestigt ist; Dies ist nützlich, um die Bohrung zu reinigen, wenn die Rakete aus den Blöcken genommen wird.

[10] Eine Linie ist der zwölfte Teil eines Zolls oder der 144. Teil eines Fußes. Geometer stellen sich die Linie ungeachtet ihrer Kleinheit als in sechs Punkte unterteilt vor. Die Zahlen in der Tabelle könnten in Linien und Punkten

angegeben worden sein, man ging jedoch davon aus, dass die Bruchzahlen ebenso gut verständlich wären.

[11] Euklid 12. 18. Kugeln verhalten sich zueinander wie die Würfel ihres Durchmessers, dies ist das Prinzip, das bei der Konstruktion der Tabelle angewendet wird; aber die Methode ist umgekehrt und besteht darin, die Wurzeln zu extrahieren.

[12] Wenn die Stäbe große Abmessungen haben, sollten sie oben aufgebohrt und mit Pulver gefüllt werden, das sie vor ihrer Rückkehr zur Erde in Stücke sprengt und jeglichen Schaden verhindert, der sonst durch ihren Fall entstehen könnte.

[13] So genannt, wegen ihrer Ähnlichkeit (im aktiven Zustand) mit dem Stab, den Merkur trägt; die der Sagengeschichte zufolge von zwei Schlangen umschlungen war, als Zeichen und Qualität seines Amtes, das ihm für seine siebensaitige Harfe verliehen wurde. – Der Begriff (oder Caduce) wurde auch bei den Römern verwendet und auf a angewendet Stab oder Zauberstab ähnlicher Form, der von jenen Offizieren getragen wurde, die loszogen, um den Frieden mit jedem Volk zu verkünden, mit dem sie uneins waren.

[14] Vom französischen Begriff *Courant*, was Laufen bedeutet.

[15] Ein französischer Begriff, der *einen Cluster bezeichnet*.

[16] *Absolute* Bewegung ist die Veränderung des absoluten Raums oder Ortes von Körpern, wie die *Bewegung eines Projektils*, der Flug eines Vogels oder die Bewegung unseres eigenen Apparats.

www.ingramcontent.com/pod-product-compliance
Lightning Source LLC
LaVergne TN
LVHW041716190726
843493LV00007B/2113